차세대 IoT 시스템

김동옥 지음

INTERNET OF THINGS SYSTEM

홍릉과학출판사

머리말

전 세계 이동통신업계에서 차세대이동통신시스템 기반으로 한 사물인터넷 전용망 기술이 주목받고 있다. 기존 LTE 기지국을 활용할 수 있는데다 전력 소모량이 낮아 웨어러블, 위치추적 등의 분야에서 활용성이 높기 때문이다.

글로벌 모바일 칩셋, 통신칩 업체인 퀄컴 역시 차세대이동통신시스템기반 사물인터넷 전용망의 가능성에 주목 NB-IoT, LTE CAT M-1 등을 동시에 지원하는 칩셋을 공개하며 생태계 확대에 나서고 있어 시장 활성화가 가속화될 전망이다.

퀄컴은 2017년 4월28일부터 중국 상하이에서 진행되고 있는 MWC 상하이 2017에서 사물인터넷 전용망 NB-IoT와 LTE CAT-M1을 동시에 지원하는 애플리케이션 프로세서(AP)를 퀄컴이 선보인 스냅드래곤 웨어 1200은 기존 웨어러블 디바이스에 활용되는 스냅드래곤 웨어 1100과 2100을 보완하는 칩셋이다. ARM 코어텍스 A7 아키텍처 기반 1.3Ghz의 연산속도를 지닌 AP다. 어린이 전용 웨어러블 디바이스나 반려동물 위치 추적 등에 활용될 수 있는 칩이다.

눈길을 끄는 것은 지원 통신망이다. 스냅드래곤 웨어 2100은 일반 LTE를, 스냅드래곤 웨어 1100은 최대 속도 10Mbps의 LTE CAT1을 지원한다. 이번에 선보인 스냅드래곤 웨어 1200은 기존 LTE가 아닌 LTE CAT-M1과 NB-IoT를 지원한다. LTE CAT-M1과 NB-IoT는 사물인터넷 전용망이다.

LTE CAT-M1과 NB-IoT는 지난해 통신표준화기구인 3GPP에서 표준작업이 완료된 통신기술이다. 차세대이동통신시스템기반 사물인터넷 전용 통신 기술인데 통신속도와 커버리지에서 차이가 있다.

NB-IoT는 수십Kbps 수준 아주 느린 속도의 통신 기술이다. 현재 국내에서 서비스되는 LTE의 경우 최대 400Mbps 이상의 속도를 제공하는 것과 비교하면 아주 미미한 수준이다.

LTE CAT-M1도 역시 사물인터넷 전용망으로 불리는 통신기술 중 하나다. NB-IoT와 마찬가지로 LTE 기반 기술이다. 배터리 수명 역시 AA배터리 만으로 수년간 활용할 수 있을 정도로 길다.

NB-IoT와 LTE CAT-M1의 차이점은 커버리지와 속도다. NB-IoT와 비교해 커버리지가 작은 대신 통신속도를 높였다. 최대 1Mbps의 속도까지 가능하다. LTE 데이터를 활용한 음성통화 기술인 VoLTE도 지원한다. LTE CAT-M1을 지원하는 통신칩이 내장된 제품이면 음성통화가 가능하다는 의미다.

최근의 정보통신 기술은 정보화 사회를 주도하는 중추적인 요소로서 모든 분야에 미치는 영향은 실로 상상을 초월한다고 할 수 있다. 빠른 속도로 발전하는 정보통신 기술은 서비스의 멀티미디어화, 유·무선 네트워크의 통합, 위성을 통한 개인 네트워크 서비스 등의 개인의 생활뿐 아니라 사회 전체를 급격하게 변화시키고 있다. 본 교재는 무선네트워크 분야 특히 차세대 이동통신 시스템 및 IoT 관련 분야에 종사하고자 학문에 매진하는 학생들과 산업체의 실무 기술자들에게 상세하고 자세하게 설명된 참고 도서로서 충분히 활용될 수 있으리라 생각한다. 종래의 고정 통신은 물론, 최근에는 특히 이동체 통신, 위성 통신, 광통신 등의 분야에 있어서 새로운 통신 방식이 잇달아 연구, 개발되어 실용화가 활발히 진행되고 있다. 따라서 전기전자, 통신분야 및 시스템의 통신방식에 대한 개념 및 구성을 이해하지 못하면 새로운 신기술에 대처 할 수 없게 된다.

본 교재는 저자가 25년 동안 무선, 이동통신분야의 연구소에서, 산업현장에서 또한 강단에서 보고 느낀 신입생, 연구원들이 주로 겪는 애로사항을 참고하여 보다 산업현장과 연계될 수 있도록 하기 위해 지금으로부터 이동통신 분야를 공부하려고 하는 기술자를 위한 입문서로서 Netmanias 자료를 인용하여 정리한 것이다.

저자는 이 책을 다양한 독자층에 권유하는 바이다. 특히 차세대이동통신분야를 전반적으로 이해를 필요로 하는 현장 엔지니어나 21세기 정보화 시대를 열어가는 주역들이 인식하고 있는 향후 차세대 모바일 IoT 네트워크 시대를 준비하는 주요 기술의 내용을 다루었다.

끝으로 이 책이 출간될 수 있도록 물심양면으로 도움을 주신 홍릉출판사 사장님께 깊은 감사를 드립니다. 또한 본서의 자료준비 및 정리를 도와주신 지인들에게 고마움을 보냅니다. 이 책으로 공부한 독자가 차세대이동통신의 IoT 기술을 터득하여 더욱 깊은 학문으로의 의욕을 가지게 된다면 저자로서 더 없는 기쁨이겠다.

저 자

차 례

제1장 정보통신의 개요

제2장 LTE망 IP 주소 할당기술

제3장 이동통신망에서 IP Network 기술

제4장 LTE망 접속절차

제5장 LTE 네트워크 구조

제6장 차세대 IoT 네트워크 시스템

제7장 차세대 IoT 서비스

제8장 차세대 IoT 네트워크 기술

제9장 IoT 코어 네트워크 시스템

제 1 장

정보통신의 개요

1. 정보통신의 개념

정보(Information)란 관찰이나 측정을 통해 수집된 데이터(data)를 실제 문제에 도움이 될 수 있도록 해석하고 정리한 지식임. 즉 현실 세계로부터 발생되는 여러 데이터들을 가공하여 특정 목적에 부합되도록 만든 의미 있는 내용을 정보라고 한다.

정보의 종류는 정보가 저장되는 물리적인 형태에 따라 크게 아날로그(analog) 정보와 디지털(digital) 정보로 나눌 수 있다. 아날로그 정보는 서로 대화하는 음성, 카메라의 필름에 기록되는 영상, 레크드 음반에 저장되는 음성정보 등이 있으며, 디지털 정보의 예로는 디지털 카메라에 저장되는 영상, CD에 저장되는 정보 등이 있다. 디지털 정보는 흔히 비트(bit) 라는 단위로 0혹은 1에 해당하는 이진값을 표현하는 것으로, n개의 비트는 2n 가지의 정보를 표현 할 수 있습니다. 예를 들어, 컴퓨터에서 하나의 문자정보는 7비트로 표현된다. 실제로는 오류 검출을 위한 1비트가 추가되어 8비트로 사용된다.

정보통신이라는 용어에 대한 명확한 정의는 없지만 넓은 의미에서는 "상대방에게 정보를 전달하는 과정"이라고 말할 수 있고, 좁은 의미에서는 "멀리 떨어져 있는 컴퓨터들을 통신회선으로 연결하여 넓은 지역에 분산되어 있는 정보를 공유하는 방식"을 말한다. 따라서 정보통신은 전기통신에 의한 정보 전송기술과 컴퓨터에 의한 정보 처리기술을 결합하여 정확한 정보의 전달과 처리를 수행하는 체계를 의미하는 것이며, 정보통신시스템은 정보 전송기술과 정보 처리기술을 유기적으로 결합하여 다양한 정보의 처리기능 또는 전송 기능을 효과적으로 수행하는 시스템을 말한다. 정보통신의 역할은 다음과 같다.

- 멀리 떨어져 있는 사람과의 의사소통을 원활하게 해줌
- 필요한 정보 등을 신속하게 제공함으로써 효율적 상품 유통
- 시간과 거리의 제약을 극복하게 해줌
- 대용량의 파일을 공동으로 이용 가능
- 세계화를 앞당기고 환경 문제 등 범세계적 문제 해결에 이바지

2. 정보통신의 역사

통신은 인간뿐만 아니라 모든 생명체의 기본적인 기능이라고 할 수 있다. 동물과 곤충은 물론 식물조차도 의사소통을 수행한다고 알려져 있다. 이것은 통신이 모든 생명체의 원활한 생존을 위해서 절대적으로 필요한 기능이라는 것을 의미한다.

• **가청 및 가시거리 통신**: 인류가 최초로 행한 통신은 손짓이나 말, 외침 또는 북을 이용하여 의사를 전달하는 정보였습니다. 그러나 공동사회가 점점 커지고 영토가 넓어지면서 원거리 통신을 하는 방법이 절실하였다. 정보전달을 위한 문자의 발명은 시간과 공과의 차이를 초월하게 되었고, 인쇄 기술 발달은 통신이 대중매체의 기능을 가지도록 하여 여러 사람들에게 정보를 나누어 줄 수 있게 하였다.

• **전기통신(원거리통신)**: 과거와 현대의 통신을 구분하는 기준이 바로 전기를 이용한 통신입니다. 1844년 모스는 40마일 떨어진 볼티모어와 오하이오 철도 역간을 유선으로 연결하여 최초의 전보를 타전하면서 비로소 인류는 전기통신 시대를 열었다. 그리고 30면 후인 1876년 미국의 벨이 오늘날 가장 대중적인 전기통신 수단이 전화기를 발명하였다.

• **정보통신(네트워크 + 컴퓨터)**: 전기통신의 활용 범위를 확장하기 위한 하나의 방법이 네트워크 확장입니다. 현재는 네트워크에서 빛, 마이크로파, 광케이블 등의 다양한 매체가 사용되고 있으며, 거의 전 세계가 이들 통신매체에 의해 연결되고 있다. 이러한 네트워크의 기술 혁신과 함께 큰 변혁을 가져온 것이 컴퓨터의 발달이다. 네트워크 속에 컴퓨터가 들어감으로써 정보전달의 시간적, 지역적, 개인적 격차를 해소하는 방향으로 발전되고 있다.

3. 아날로그(analog)와 디지털(digital)

신호란 무엇인가? 정보 전달 위해서는 여러 전송매체에서 사용할 수 있는 전자기 신호가 사용되며, 전자기 신호는 아날로그 신호와 디지털 신호로 나눌 수 있다.

아날로그 신호는 주파수에 따라 다양한 매체를 통해 전송되며, 연속적으로 변하는 전자기파를 나타냅니다. 반면에 디지털 신호는 매체를 통해 전송되는 일련의 전압 펄스를 의미한다. 일정한 양(+)의 전압은 이진수 1을 표시하고, 일정한 음(−)의 전압은 이진수 0을 표시한다.

아날로그 신호는 전류의 주파수나 진폭 등 연속적으로 변화하는 형태로 전류를 전달하고, 디지털 신호는 전류가 흐르는 상태(1)와 흐리지 않는 상태(0)의 2가지를 조합하여 전달한다.

정보통신에서 통신 속도는 단위 시간에 전송되는 정보의 양으로 표시되며 기본단위는 비트(bit)이다. 디지털 전송속도는 bps(bit per second)와 보오(baud)로 나타냅니다. bps는 매초당 전송되는 비트의 수를, 보오는 매초당 몇 개의 신호변화가 있었는지를 나타내는 신호속도의 단위이다.

4. PCM (pulse code modulation)

아날로그인 소리 신호를 디지털 부호열(디지털 신호)로 변환하는 방법 중의 하나. CD 같은 대부분의 디지털 오디오에 실용화되었으며 '펄스 부호 변조'라고 부른다. 아날로그 신호를 PCM 방식으로 디지털 부호화하는 순서를 대략 설명하자면 다음과 같다.

① **표본화** : 아주 짧은 시간마다 음의 파형의 순간 전압을 측정한다. CD에서는 1초 사이에 44100회의 측정을 실행한다.

② **양자화** : 순간마다 측정한 전압값을 올리기 또는 버리기로 간단한 숫자로 만든다.

③ **2진 부호화** :전압값을 1과 0의 2진수로 고친다. 보통 12~16자리수의 2진수로 한다. 이렇게 해서 얻어진 2진수를 순서대로 이어 나가면 1과 0만으로 대부분의 음을 표현할 수가 있다. 다만 CD 등의 실용 규격에서는 부호의 판독 오류 등을 방지하기 위해 순서대로 잇지 않고 일정한 법칙에 따라 배열 방법을 바꾼다.

그림 1.1 bit& baud

전송매체에서 사용하는 신호 형태와 정보의 표현 형태가 다른 경우 정보를 전송 매체에서 전송 가능한 형태로 변환하는 작업을 부호화(encoding)라고 하며, 부호화된 정보는 전송매체를 통해 전달되며 수신측에서 이와 반대의 과정을 거쳐 원래의 정보로 복원하게 되는데 이를 복호화(decoding)라고 한다.

① 디지털 대 디지털 부호화 : 디지털 정보 ⇒ 디지털 신호

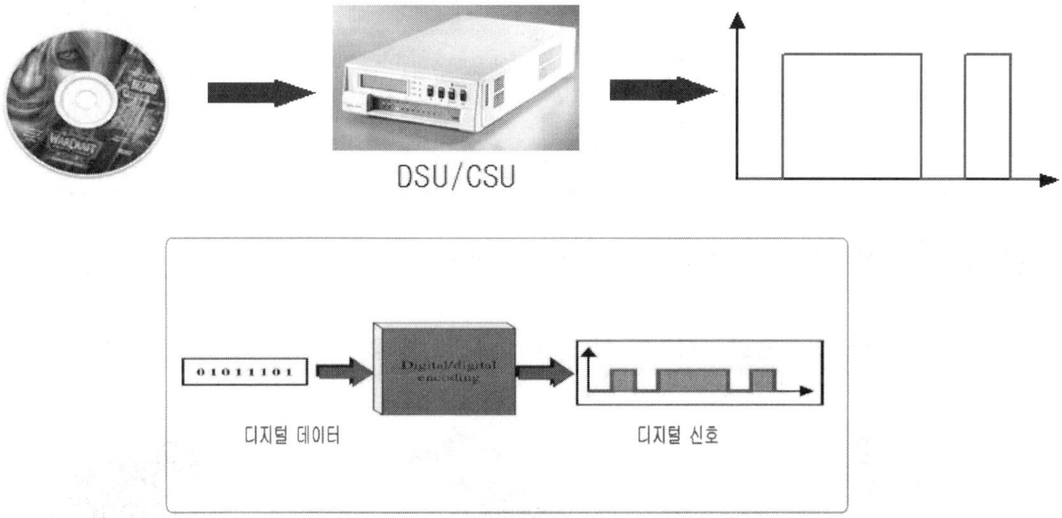

그림 1.2 디지털-디지털 부호화

② 아날로그-디지털 부호화 : 아날로그 정보 ⇒ 디지털 신호

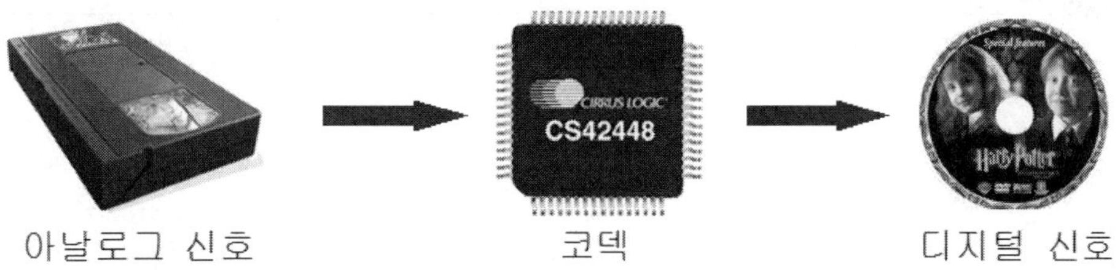

그림 1.3 아날로그-디지털 부호화

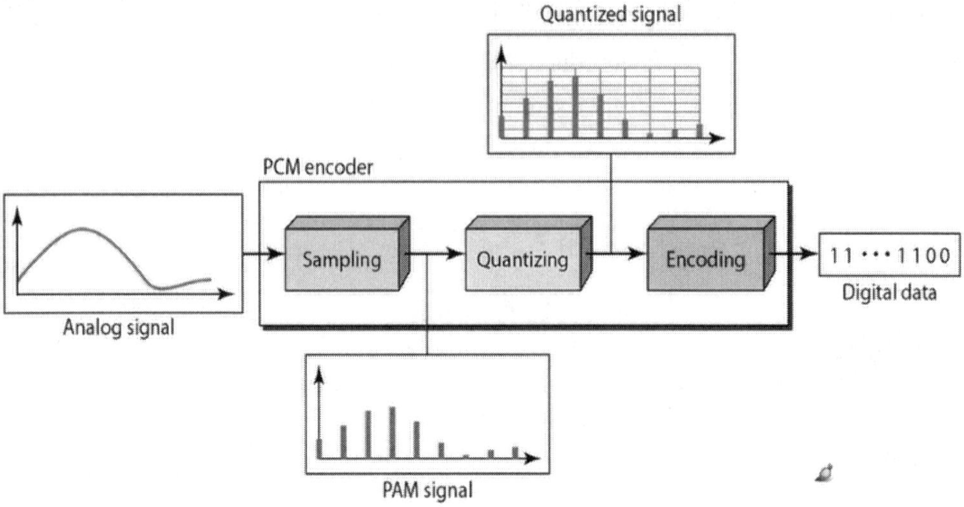

그림 1.4 아날로그 신호를 PCM 디지털 부호로의 변환

③ 디지털-아날로그 부호화 : 디지털 정보 ⇒ 아날로그 신호

그림 1.5 디지털-아날로그 부호화

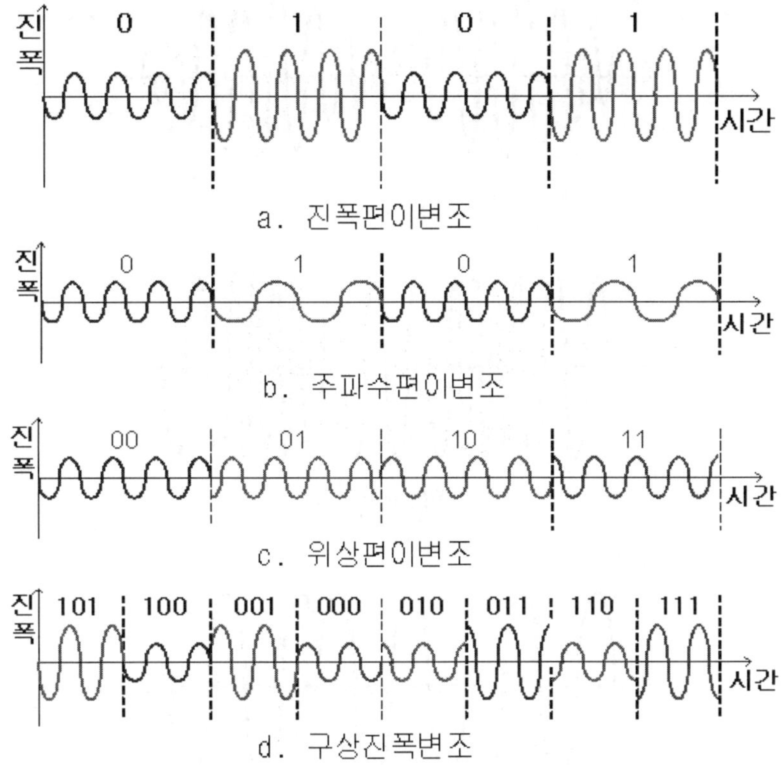

그림 1.6 디지털-아날로그 부호화 방식

④ 아날로그-아날로그 부호화 : 아날로그 정보 ⇒ 아날로그 신호

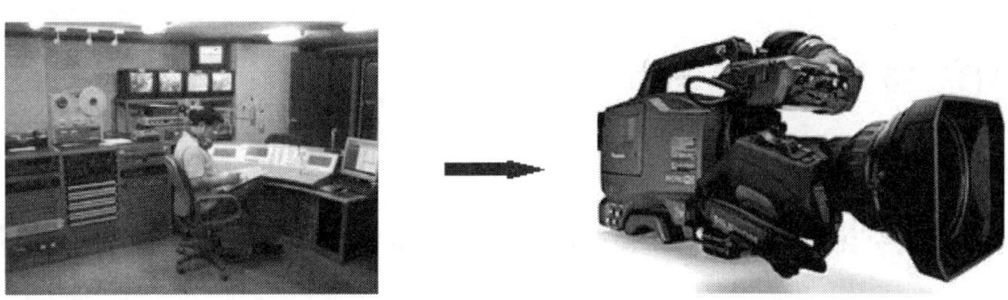
라디오 방송 스튜디오   방송장비

그림 1.7 아날로그-아날로그 부호화

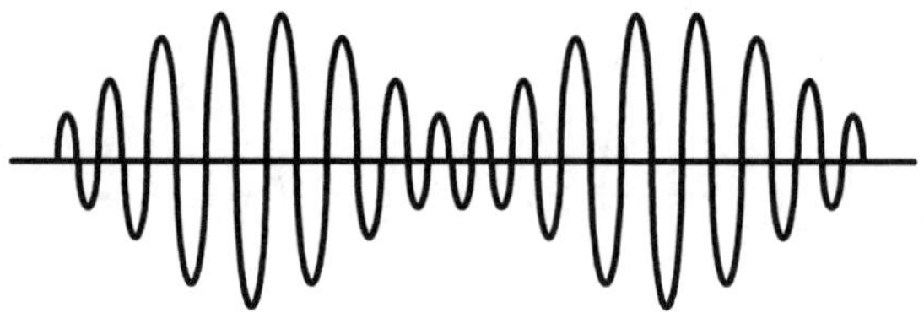

AM 변조신호

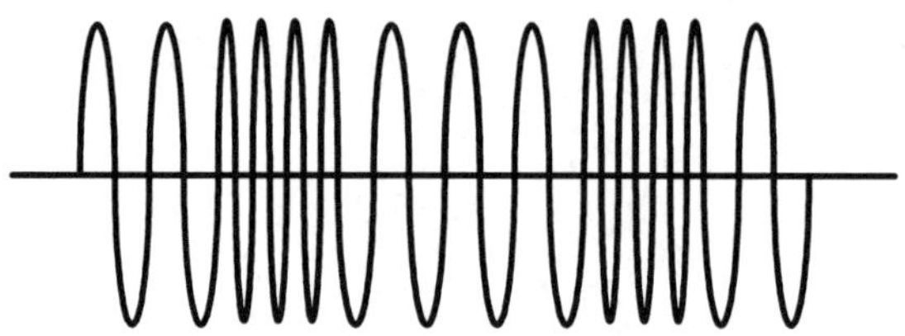

FM 변조신호

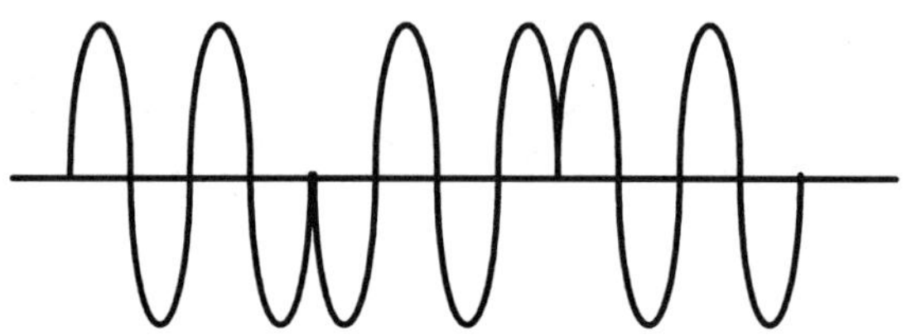

PM 변조신호

그림 1.8 아날로그-아날로그 부호화 방식

4.1 디지털 대 아날로그 변조

4.1.2 양극형(Bipolar)

디지털 신호를 갖은 데이터를 아날로그 신호의 특성을 갖는 데이터로 바꾸는 과정이다.

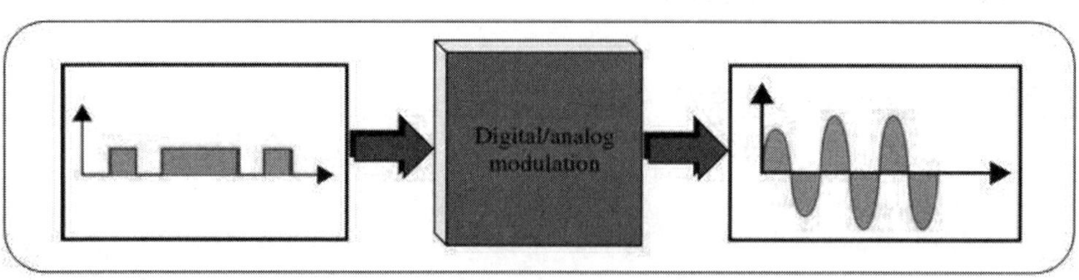

그림 1.9 디지털 대 아날로그 변조

▸ **반송파(Carrier Wave)**

원거리 통신을 위해서는 전송하기 적합한 주파수와 진폭(Amplitude)을 갖는 정현파를 사용해야 하며, 이러한 정현파를 반송파라 한다.

▸ **변조(Modulation)**

반송파에 데이터를 싣는 것을 변조라고 한다. 디지털 데이터는 반송파 신호의 특성(진폭(Amplitude), 주파수, 위상(Time)) 중 한가지 이상을 변화시키는 방식으로 변조된다.

4.2 진폭(Amplitude)편이변조(ASK : Amplitude Shift Keying)

- 데이터의 신호와 전압 변화에 따라 반송파의 진폭(Amplitude)을 변화한다.
- 데이터 표현
  - 반송파 송출(OOK : On – Off Keying) : 1
  - 반송파 송출 중단 : 0
- 잡음에 민감하여 비효율적이다.
- 광섬유로 데이터를 전송한다.

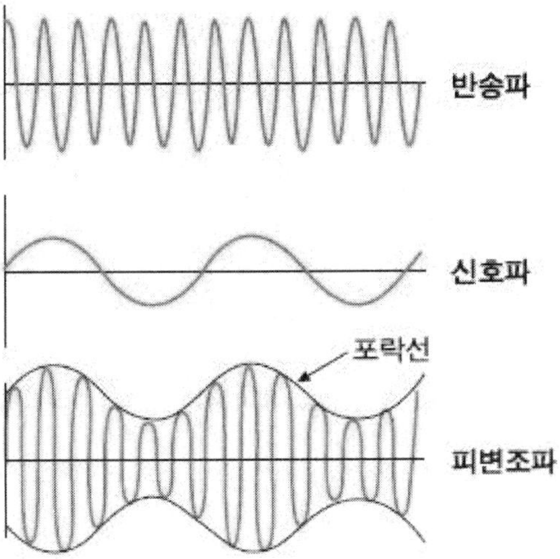

그림 1.10 진폭(Amplitude)편이변조

4.3 주파수편이변조(FSK : Frequency Shift Keying)

- 두 개의 이진 값에 서로 다른 반송파의 주파수를 적용하는 방법이다. 이 때 주파수는 다르나 진폭(Amplitude)은 동일하다.
- 데이터 표현
  - 높은 주파수 : 비트 0
  - 낮은 주파수 : 비트 1
- ASK의 잡음문제 대부분 해결할 수 있다.
- 비교적 회로 구성이 단순하다.
- 동축 케이블을 이용한 근거리 통신망에 사용된다.

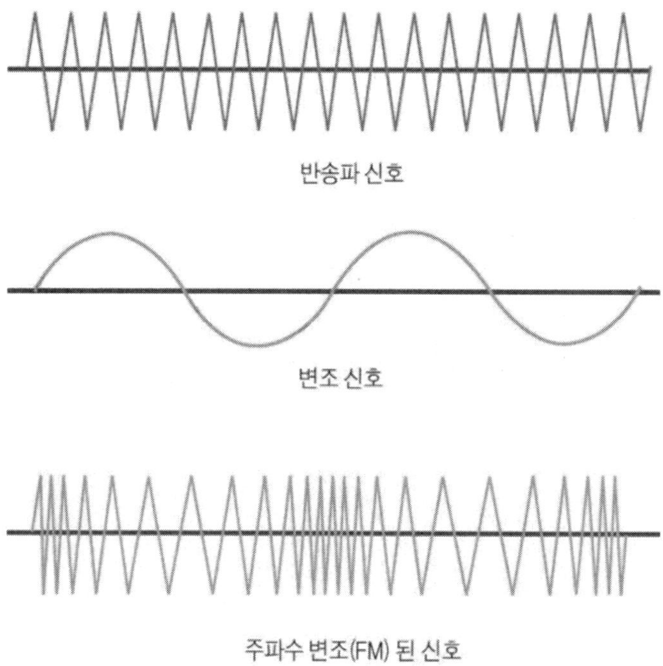

그림 1.11 주파수편이변조

4.4 위상(Time)편이변조(PSK : Phase Shift Keying)

- 위상(Time)의 변화로만 0과 1을 표현한다.
- 위상(Time)의 변화를 다양하게 해서 한 위상(Time)에 3비트까지 한꺼번에 할당이 가능하다.
- 고속 데이터 통신용으로 쓰인다.

- 아래와 같이 2,4,8 위상(Time)을 나누어 데이터 표현한다.

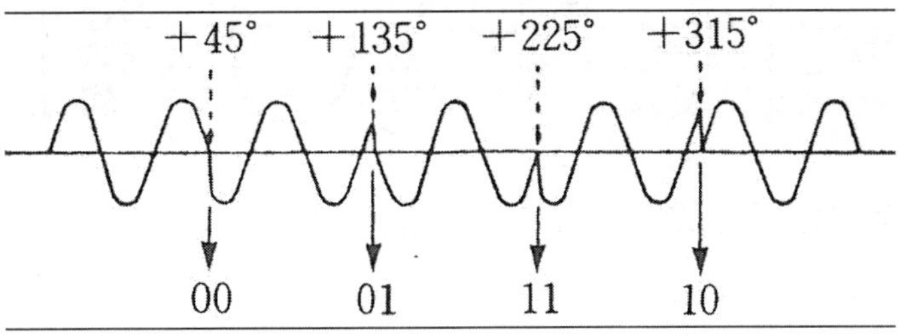

그림 1.12 위상 편이변조

5. 디지털 데이터 전송방식

5.1 직렬(Serial) 전송 방식

한번에 한 비트씩 순서대로 데이터 전송하며, 거리가 수십 미터 이상일 경우 사용한다. 병렬 전송 방식보다 전송비용을 줄일 수 있고 장거리 전송이 가능하다. 단점으로는 병렬 전송 방식보다 속도가 느리다.

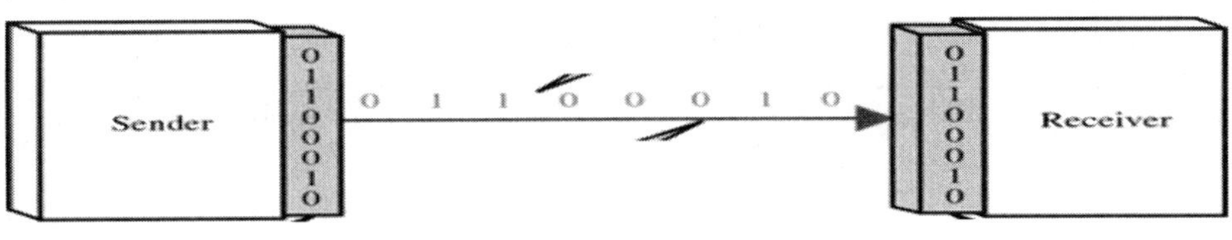

그림 1.13 직렬(Serial) 전송 방식

5.2 병렬(Parallel) 전송 방식

여러 개의 비트를 그룹으로 한번에 전송하며 컴퓨터와 주변기기 사이의 데이터 전송한다. 장점으로는 전송속도가 빠르고 인터페이스 구성이 단순하다. 단점으로는 거리가 멀수록 전송비용이 증가하고 다수의 전선이 필요하다.

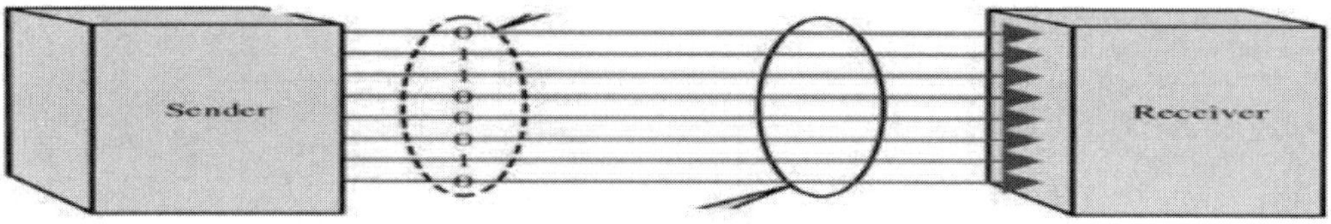

그림 1.14 병렬(Parallel) 전송 방식

5.3 비동기식 전송방식과 동기식 전송방식

5.3.1 비동기식 전송(Asynchronous Transmission) 방식

문자 단위의 비트 블록을 전송 기본 단위로 사용하며 한 번에 한 문자씩 전송할 수 있고 시작비트와 정지비트 사이의 간격이 가변적이므로 불규칙적인 전송에 적합하다. 또한 시작 비트(start bit)와 정지 비트 (stop bit)가 존재 하므로 동기화가 유지되며 전송 방법은 전송할 데이터가 있을 경우, 휴지상태(비트1)에서 시작비트(비트0)를 전송하여 선로를 0 상태로 전환한다.

장점으로는 단순하고 저가로 구현이 가능하고 단점으로는 전송효율이 떨어진다.

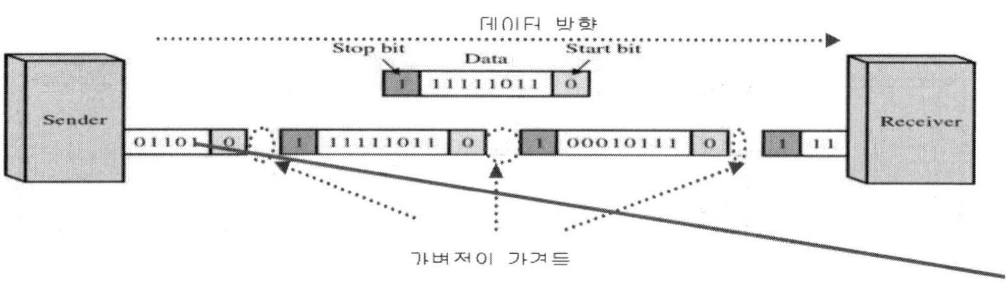

그림 1.15 비동기식 전송방식

5.3.2 동기식 전송(Synchronous Transmission) 방식

문자 또는 비트들의 데이터 블록 단위로 송수신 할 수 있고 문자 중심의 동기 전송 방식 과 프레임 중심의 동기 전송 방식이 존재한다. 그리고 전송의 시작과 끝을 알리는 제어정보 부분을 데이터 블록 앞에 붙여 동기화를 유지한다.

전송방법으로는 시작비트나 종료 비트 및 간격 없이 전송한다.

장점으로는 전송 효율 및 전송 속도가 높고 단점으로는 장비가격 고가이다

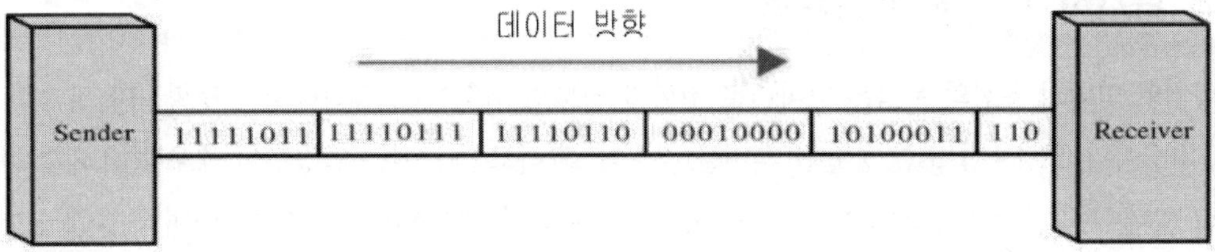

그림 1.16 동기식 전송방식

6. 네트워크 프로토콜

6.1 프로토콜의 개념

프로토콜이란 단어는 정보통신과 전혀 무관하게도 가끔 신문에 등장하는 경우가 있다. 대체로 외국의 국빈이 우리나라를 방문하였을 때 그 방문기사에 등장하던 프로토콜이란 단어는 국빈을 대접하는 의전 절차라는 의미로 쓰인다.

프로토콜이란 단어를 사전에서 찾으면 위에 얘기한 외교상의 의례란 의미 외에도 의정서, 조약(안)으로 설명이 되어있다. 프로토콜이란 단어 속에는 어떤 경우이든지 간에 두 상대방이 있어 그 두 상대방간 합의된 약속이란 의미를 내포하고 있다.

그러면 통신에 등장하는 프로토콜은 어떤 의미를 지니고 있으며 왜 필요한가. 사실 통신에서 말하는 프로토콜은 엄밀히 말하면 통신 프로토콜이라고 앞에 통신을 반드시 붙여 말해야 한다. 그런데 어떤 사실을 얘기할 때 대주제가 통신인 경우 우리는 통신을 생략하고 보통 프로토콜이라고만 말하게 되고, 이 경우 듣는 사람이나 말하는 사람 모두 프로토콜은 통신 프로토콜을 의미하게 되는 셈이다.

이제 프로토콜이 통신 프로토콜의 생략 형 이라는 것은 분명해졌다. 먼저 통신 프로토콜을 정의해 놓고 다음 얘기를 진행하기로 하자.

통신 프로토콜의 정의에는 앞에서 말한 프로토콜의 일반적인 개념이 그대로 들어있다. 통신이란 말에 이미 두 상대방이라는 개념이 배경에 놓여 있다. 상대방이 없는 통신이란 있을 수 없으므로, 통신 프로토콜 또한 당연히 정보를 송신하고 수신하는 두 상대방 사이의 약속이다.

통신프로토콜은 서로 간에 데이터를 신속하고 정확하게 정보전송을 하기 위한 정보기기간의 필요한 규약들의 집합으로, 통신을 원하는 양쪽(entity)간에 무엇을(what), 언제(when), 어떻게(how), 통신할 것인가에 대해 서로 약속한 규정이다.

6.2 통신의 목적과 프로토콜

공학적인 의미의 통신의 목적은 한마디로 정확한 정보의 전송이다. 공학에서는 정확성만 의미를 갖는 것이 아니라 경제성 또한 중요한 의미를 갖는다. 그리고 최근에는 안정성이 매우 중요하게 등장하고 있다. 따라서 통신 프로토콜은 두 통신하는 상대방 사이에 정확하고 효율적이며 안정한 정보의 전송을 위한 여러 가지 약속의 집합이다.

다시 말하면 통신 프로토콜은 송신자가 이렇게 하면 수신자가 저렇게 하고, 수신자가 어떻게 하면 송신자가 거기에 따라 어떤 행동을 취해야 하는지 등을 사전에 약속해 둔 것이다. 이러한 사전 약속이 없다면 어떤 상황에서든지 정확한 정보를 효율적으로 그리고 안정하게 전송해야 한다는 통신의 기본목적을 달성할 수 없기 때문이다.

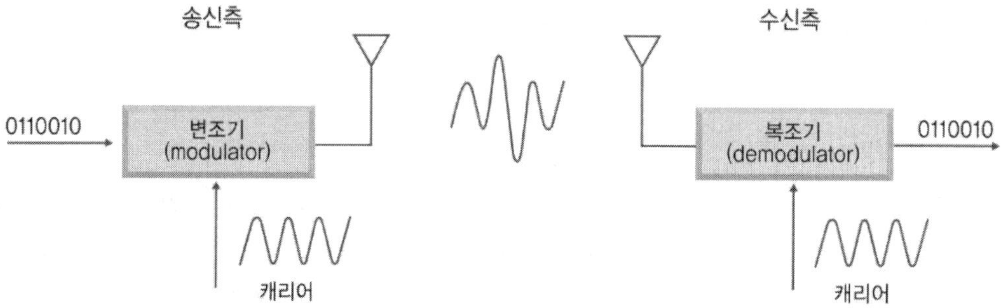

그림 1.17 통신 프로토콜

통신하는 상대방은 일반적으로 서로 원격지에 위치한다. 따라서 정보를 전송하기 위해서는 정보를 전기적인 혹은 광학적 신호의 형태로 변환하고 그 변환된 신호가 통신채널을 통해 흐르게 될 때 정상적인 신호의 흐름을 방해 놓는 여러 가지 현상이 존재하게 된다.

이러한 방해 행위를 통칭하여 불완전성(impairment)이라고 부르는데 이는 신호의 변형을 가져오고 신호변형은 결국 정확한 정보의 전송을 방해한다. 즉, 신호의 전송 중에 에러가 발생하게 되고, 따라서 통신 프로토콜에서는 이러한 에러가 발생하였을 때 어떻게 에러의 발생사실을 알아내고 손실된 정보를 회복할 것인가에 대한 엄밀한 절차가 사전에 약속되어 있어야 한다.

그러한 약속이 프로토콜의 중요한 부분이 된다. 프로토콜이라는 약속의 집합 속에 이렇게 에러에 대응하기 위한 약속이 중요하기는 하나 그것이 프로토콜의 전부는 아니다. 정보를 정확히 그리고 효율적으로 전송하기 위해서는 동기(synchronization)라고 부르는 개념도 중요하다.

예를 들어 정보를 송수신하는 상대방이 서로 한 비트의 시간 길이를 서로 다르게 사용한다든지, 한 메시지의 시작 지점을 서로 다르게 인식하게 되면 순식간에 대량의 에러가 발생하기 때문에 이들에 대해서도 사전 약속이 필요하다.

이 뿐만 아니라 정보흐름의 양을 조절하는 흐름제어(flow control) 방법도 역시 사전에 약속되어 프로토콜 속에 포함되어 있어야 한다. 흐름제어란 정보의 송신측에서 너무 빠르게 정보를 내보내는 바람에 수신측에서 이를 미처 소화하지 못함으로써 결과적으로 정보의 손실을 가져오는 사태를 막기 위한 방법을 말한다.

에러제어, 동기, 흐름제어 등에 관한 약속 이외에도 통신하는 상대방의 상호위치가 어디냐에 따라 여러 가지 약속이 추가로 필요하다. 통신하는 상호위치란 개방 시스템 상호 연결(open system interconnection)에서 어느 계층에 속하느냐를 말하는 것이다.

그리고 효율적인 전송을 위해서도 여러 가지 기법이 있으므로 어떤 경우에 어떤 방법을 사용해야 할지에 대해서도 사전에 약속하여 프로토콜에 포함시켜야 하며 최근에 관심이 높아지고 있는 정보의 안전성(security)을 위한 약속도 역시 여러 가지 방법이 있을 수 있으므로 사전에 프로토콜에 포함되어야 한다.

6.3 통신 프로토콜 원리

지금까지 우리는 통신하는 두 상대방이란 표현을 사용하였는데 OSI규약에서는 이를 실체(entity)라는 용어로 사용하고 있다.

OSI에서는 통신하는 두 상대방이 컴퓨터 내부에서 돌아가는 프로그램인 경우가 대부분이다. 하지만 위에서 설명한 통신 프로토콜은 통신하는 두 상대방 즉 실체가 사람인 경우 우리가 전화를 이용하여 음성 통신을 하는 것과 마찬가지로 그대로 적용되는 이야기이다. 이는 사람들이 전화를 통해 음성 정보를 주고받을 때에도 프로토콜이 필요하다는 뜻이다.

사람이 다른 사람과 전화 할 때에도 전화선이라는 전송채널에서 에러가 발생하며 사람에 따라서는 너무 빨리 말하는 사람이 있어 듣는 사람이 미처 이해하지 못하고 지나가는 경우가 있는데 사람들은 이 경우 그러한 상황에 자연스럽게 대처할 수 있는 능력을 태어났을 때부터 갖고 있다.

반대로 지능이 전혀 없는 정보 기기들은 돌발적인 상황에 대처할 능력이 전혀 없으므로 통신할 때 발생할 수 있는 모든 상황에 일일이 꼬치꼬치 이럴 때는 이렇게, 저럴 때는 저렇게 등등의 지시를 해 놓아 마치 지능을 갖는 것처럼 만들어 주어야 한다.

이렇게 통신하는 두 상대방은 정보의 정확하고 효율적인 전송을 위한 많은 약속들이 필요하나, 상대방끼리 예의를 차리기 위한 프로토콜은 전혀 필요치 않다.

정보통신이 사람 사이의 통신과 다른 점은 지능이 없는 정보 기기 사이의 통신이라는 점 이외에도 사람과 사람 간의 통신이 1대 1인 것과는 달리 1대 다수, 혹은 다수 대 다수의 경우가 많으므로 프로토콜 또한 이러한 경우까지 대비해서 만들어져야 하므로 종류가 많고 복잡해질 수밖에 없다.

6.4 프로토콜의 구성

여기에서 중요한 의미를 갖는 프로토콜은 사용하는 범위가 넓고 표준화되어 있어 전 세계 어디에 설치되어 있는 정보 기기 간에도 정보의 상호교환을 가능하게 하는 그런 종류의 프로토콜로, 흔히 말하는 컴퓨터의 네트워크에서 사용되는 프로토콜이다.

실제로 말하면 ISO, TCP/IP 등의 프로토콜이며, 그밖에도 SNA(System Network, Architecture), DNA(Digital Network Architecture)등 특정 컴퓨터 회사에서 만들어진 프로토콜 등도 있다. 좀 더 구체적으로 말하면 X.25나 HDLC(High level Data Link Control)등의 예를 들 수 있다.

프로토콜을 폭넓게 이해하기 위해서는 계층화의 사고방식을 이해하지 않으면 안 된다. 컴퓨터 네트워크는 제작회사가 서로 다른 컴퓨터끼리 통신할 수 있도록 다양한 응용 프로그램과 터미널, 그리고 데이터 전송을 돕는 갖가지 통신장비 및 전송장비와 전송매체 등으로 구성되게 되었고, 이러한 환경에서 정확하고 효과적인 정보전송을 수행하기 위해서는 프로토콜 역시 복잡하고 다기능화 할 수 밖에 없다.

따라서 이러한 프로토콜들의 효과적인 정리를 위해서 프로토콜 계층화의 사고방식이 도입되었다. 계층화의 개념은 구조화 프로그래밍(Structured Programming)의 경우와 흡사하다. 프로토콜의 각 계층은 구조화 프로그래밍의 모듈(Module)과 같으며, 각 계층이 수직적으로 상하 관계를 갖는 것은 모듈들을 수직적으로 배치하여 모듈 사이의 접촉(interface)이 최소화 되도록 하는 개념과 흡사하다.

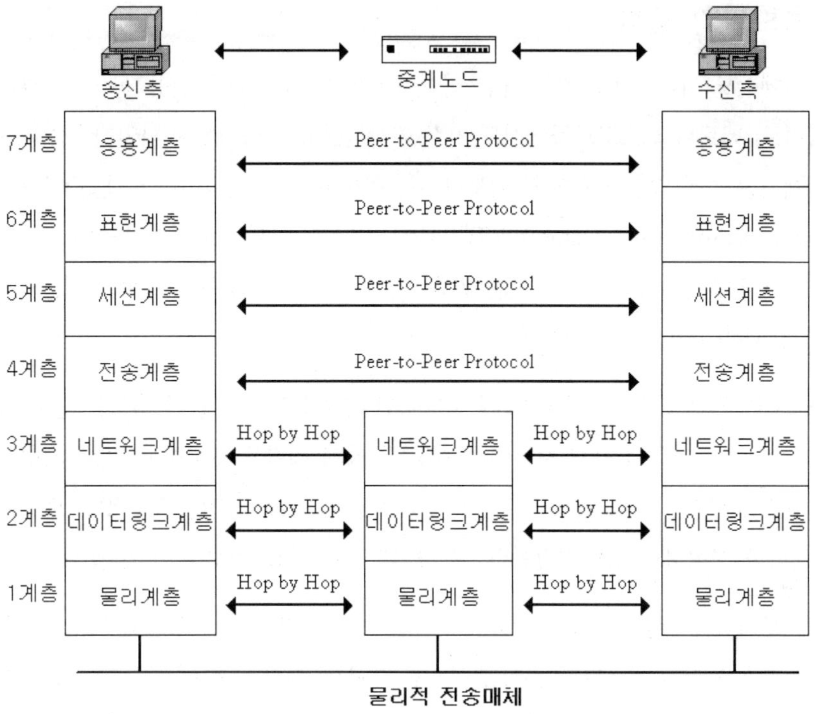

그림 1.18 계층 구조 프로토콜

즉, 네트워크 프로토콜이 계층화되어 상위계층이 인접한 바로 아래 계층의 서비스를 받는 것은 마치 구조화 프로그래밍에서 메인 프로그램이 부프로그램을 호출하여 서비스를 받는 것과 같으며, 이때 호출한 프로그램과 호출 당한 프로그램이 파라미터를 이용하여 필요한 정보를 주고받는 것과 같이 역시 상위 계층이 인접한 하위 계층의 서비스를 받을 때 필요한 정보를 파라미터의 형태로 주고받게 된다.

또한 구조화 프로그램에서 모듈 내부의 변경이 외부의 다른 모듈에게는 영향을 미치지 않는 것과 마찬가지로, 어떤 계층의 내부적인 변화는 다른 계층의 내부적인 변화에 전혀 영향을 받지 않으므로 계층화되지 않았던 종래의 통신 프로토콜에서 기능의 일부 변경으로 프로토콜 전체를 다시 작성해야 하는 어려움을 극복할 수 있게 되었다.

계층화된 네트워크 프로토콜들을 총칭하여 네트워크 구조(Network Architecture)라고 부른다. 앞에서 말한 OSI나 SNA, TCP/IP등의 프로토콜들은 상위 계층에서부터 하위 계층까지 논리 정연한 구조를 갖는 프로토콜의 집합으로, 이들은 각각 현재 사용 중인 가장 대표적인 네트워크 구조인 셈이다.

6.5 프로토콜의 종류

컴퓨터 언어에서도 이론적으로 가장 좋은 언어가 반드시 가장 많은 사용자를 확보하지는 못하는 것과 마찬가지로, 네트워크 프로토콜에서도 가장 이상적이고 논리적이며 다양한 기능까지 갖춘 OSI가 현재 시점에서는 가장 많은 사용자를 확보하지는 못하고 있는 실정이다. 이는 OSI가 만들어진 것이 SNA(Systems Network Architecture)나 TCP/IP보다 늦고, 실제 상품화가 늦어지고 이용자들이 비교 평가하여 값싸고 좋은 물건을 살 수 있을 만큼 OSI에 근거한 다양한 프로토콜 제품들이 시장에 풍부하지 못하기 때문이다.

이에 비해 TCP/IP 프로토콜 제품들은 매우 다양한 제조회사들이 관련 제품을 선보이고 있고, 가장 널리 보급되어 있기 때문에 현재 시점에서 가장 큰 지지 세력을 확보하고 있는 셈이다. 특히 국내의 경우에는 웍스테이션과 유닉스, 그리고 인터넷의 보급과 함께 시작된 TCP/IP 프로토콜 제품들이 한동안 큰 세력을 형성하며 상당기간동안 그 자리를 지켜나갈 것으로 보인다.

우리가 프로토콜을 분류할 때 상위 계층 프로토콜과 하위 계층 프로토콜로 구분하는데 여기서 상위 계층 프로토콜은 통신의 이용자가 손쉽게 통신을 이용할 수 있도록 해 주는 역할을 수행하는데 반하여, 하위 계층은 실제 통신이 어떻게 효과적으로 정확하게 정보를 전송할 수 있게 하느냐에 관심이 있다. 어떻게 보면 통신의 최종 이용자에게 보이는 것은 상위 계층 중에서도 가장 상위 계층인 응용 계층(OSI인 경우 제7계층)뿐이고, 나머지 계층들은 응용 계층이 운용되는데 필요한 각종 서비스를 제공하는데 불과하다.

전자우편, FTP, Telnet, FTAM(File Transfer Access and Management)등은 모두 응용 계층 프로토콜에 속한다. 따라서 네트워크의 단순한 이용자는 이러한 응용 계층의 프로토콜 이용법만 공부하면 네트워크를 이용하여 원하는 정보전송을 행할 수 있으나, 네트워크의 설계 운용자들은 그 이하 계층의 프로토콜을 공부해야 한다.

6.6. 프로토콜 데이터 유니트

프로토콜 이용자 정보를 실어 나르기 위해서는 프로토콜 데이터 유니트(PDU: Protocol Data Unit)를 사용한다. PDU는 물건을 운반할 때 상자 단위로 포장하여 운반하는 것과 같이 프로토콜이 정보의 운반을 위해서는 PDU라는 상자를 이용한다. 우리가 상자 단위로 물건을 포장하여 운반할 때 그 상자마다 물품의 내용이나 발송처 수신처 등을 표기하는 것과 마찬가지로 PDU에도 이용자 정보뿐만 아니라 정보의 발신처, 수신처 등의 주소와 전송 등에 에러의 발생이 있었는지를 점검하기 위한 정보, 그밖에 흐름제어 등을 위한 정보 등이 같이 들어가게 된다. 계층화된 프로토콜에서는 계층마다 PDU이름을 독특하게 붙여 사용하는 경우가 있다.

계층2 PDU는 프레임(Frame), 계층3 PDU는 패킷(Packet), 계층4 PDU는 세그먼트(Segment)등으로 부르는 것이 일반적이다. 이러한 특별한 이름이 없는 경우에는 그냥 몇 계층의 PDU라고 부르게 된다.

그림 1.19 HDLC 프로토콜 데이터 유니트의 예

7. 네트워크 모델

7.1. 통신의 일반적 모델

7.1.1 샤논(Shannon)의 통신 모형

컴퓨터와 통신기술의 비약적인 발전은 정보화 사회로의 진입에 가속화가 되는 계기가 되었으며 현대 사회에서 컴퓨터와 통신의 접목은 정보통신의 시작을 알리는 계기가 되었다. 샤논이 발표한 통신의 수학적 이론은 통신의 이론이면서 정보전달의 이론 이었다.

샤논은 이 논문에서 정보라는 것을 송신자로부터 수신자로 전달되는 것으로 보았는데, 이것이야말로 정보의 가장 기본적인 자세인 것이다.

보내는 정보(정보원)와 받는 정보(수신자)는 어떤 의미를 지니는 내용을 말하며 이러한 정보는 입·출력장치와 송·수신기라는 도구나 수단을 통하여 표현된다. 일상적인 전화 동화에서는 음성을 전자기적인 신호로 바꿔주는 송화기와 전자기적인 신호를 다시 소리로 바꿔주는 수화기가 입력장치 및 출력장치가 되며 전화기는 송신기와 수신기의 역할을 동시에 하게 된다.

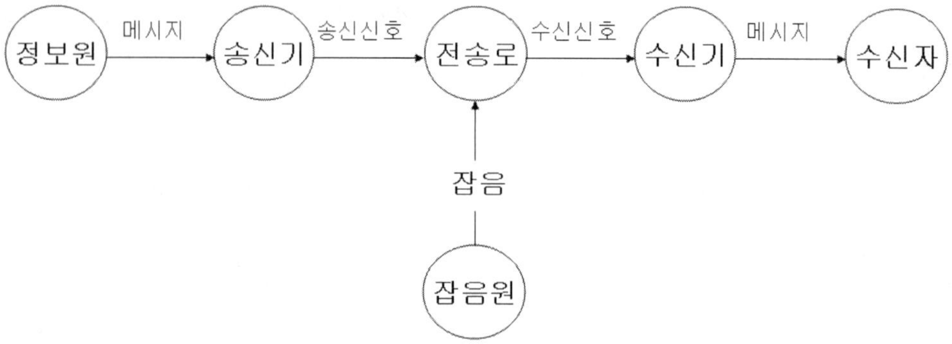

그림 1.20 샤논의 통신모형

샤논의 통신모형에는 알리고자 하는 내용의 표현과 통신수단을 통한 전달방법 사이에서 최소한의 체계적이고 통일된 규칙과 약속이 있어야 함이 내포되어 있다. 대화를 하는 두 주체가 각각 다른 언어를 사용한다면 상대방이 말하는 의미를 파악할 수 없다.

즉, 정보원과 수신자가 모두 같은 언어를 사용하는 경우에는 메시지를 올바르게 재현하지만 한쪽이 인간이고 다른 한쪽이 기계일 때에는 양자의 언어가 다르다. 이런 경우에는 정보원과 수신자가 받아들이는 메시지는 서로 다른 종류이므로 상대방이 말하는 의미를 파악할 수 없다.

▸ **정보원(Information source)**

전송할 정보를 발생시키는 근원(source)으로, 모든 정보는 이들 정보원으로부터 다양한 형태의 메시지(message)로 나타난다. 예를 들어 전화기 및 개인용 컴퓨터이다.

▸ **송신기(Transmitter)**

정보원으로부터 나온 메시지를 송신신호의 형태로 전송로에 전달해 준다. 보다 효과적이고 효율적인 전송을 위해서 정보를 변환하고 인 코드 하며, 가장 보편적인 방법이 변조인데 이는 반송파를 사용하여 전송로의 성질에 맞도록 변환하는 것이다.

▸ **전송로(Channel)**

송신기와 수신기를 연결하는 물리적인 매체를 말하며 일상적인 대화에서는 공기가, 전화를 사용하는 경우에서는 전화선이 이러한 역할을 한다. 즉, 케이블에 의한 유선 전송로와 전자파에 의한 무선 전송로가 있다.

▸ **수신기(Receiver)**

수신기는 전송로에서 신호를 받아 수신자가 취급할 수 있는 형태로 변환하는 과정을 말한다. 예를 들어 모뎀은 네트워크나 전송회선으로부터 아날로그 신호를 받아서 디지털 비트 스트림으로 변환시키는 과정을 실행한다. 일반적으로, 수신신호는 전송로를 통하는 과정에서 잡음 등으로 인해 약해졌기 때문에 수신기에서는 여러 단계로 증폭을 시키며 송신기 변조과정의 역으로 신호를 원형으로 복원시키는 복조를 실행한다.

▸ **수신자(destination)**

정보를 받아야 할 인간 또는 장치를 말하며, 수신기로부터 데이터를 받는다.

▸ **잡음(Noise)**

이상적인 통신환경을 방해하는 요소로서 시스템의 내외에서 자연적인 원인으로부터 일어나는 예측할 수 없는 전기신호를 의미한다. 데이터 전송의 경우 왜곡을 포함한 전송신호와 송·수신측 사이의 전송과정에서 추가된 불필요한 신호로써 구성된다. 잡음은 통신시스템의 전체 효율성을 제한하는 주요한 요인이 된다.

7.2 OSI 참조모델

7.2.1 개방형 시스템 간 상호접속(OSI : Open System Interconnection)

개방형 시스템 간 상호접속 즉, OSI는 서로 다른 기종의 컴퓨터 시스템 간 통신을 가능케 하기 위한 ITU-T나 ISO(국제표준화기구)가 표준화한 네트워크 아키텍처를 말한다. 1974년도에 세계 최초로 IBM사가 SNA(System Network Architecture)라는 네트워크 아키텍처를 발표한 이래 선진국의 컴퓨터 생산업체에서는 앞 다투어 독자의 네트워크 아키텍처를 발표하고 그에 따른 제품을 개발하여 발표하였다.

이와 같이 여러 가지의 네트워크 아키텍처가 출현됨에 따라 동일 기종의 컴퓨터 시스템과 단말간의 통신은 가능할 수 있으나 이기종 컴퓨터 간에는 원만한 통신이 이루어질 수 없다. 이것은 각 컴퓨터 생산업체의 네트워크 아키텍처가 각각 독자적으로 개발되었기 때문에 호환성이 없고 상호간 접속이 될 수 없는 문제점이 야기 되었던 것이다.

특히 과거와 같이 전용선으로 시스템 간 을 직접 연결하지 않고 공중망(WAN)을 통하여 연결해야 하는 환경으로 변했기 때문에 더욱 개방형 시스템 간 상호접속이 필요하게 되었다. 이러한 배경으로부터 네트워크 아키텍처의 표준화를 주장하게 되고, 이 표준화에는 컴퓨터의 생산업체와 같이 각국의 통신사업자도 적극적으로 참여하게 되었다.

OSI의 표준화에는 계층화 원칙에 따라 통신의 제 기능을 7개의 계층으로 체계화하고, 각 계층의 프로토콜(Protocol) 사양 및 계층 간의 인터페이스(하위 층으로부터 상위 층까지의 서비스 정의)에 대하여 권고나 표준을 제시하고 있다.

7.2.2 OSI 참조(Reference) 모델

이 기종 컴퓨터 상호간 서로 통신할 수 없는 문제를 해결하기 위하여, 개방형(Open) 시스템간의 통신을 기술적인 독립성, 기능적인 공통성 등의 관점에서 7개의 기능을 계층(Layer)으로 분할하고, 각 계층 간의 필요한 프로토콜(Protocol)을 규정한 통신상의 구조를 말한다.

OSI 참조 모델에서는 7개의 계층이 각각의 특징적인 기능을 가지고 있으나 이 모델은 절대적인 것이 아니며 단지 사용자를 위한 비교점 제공 및 모듈 화된 각 계층의 특징을 이해함으로써 네트워크가 갖는 제반적인 복잡화에서 탈피하여 특정 문제에 대해서 쉬운 접근을 제공하고자 사용하는 모델이다.

7.2.3 OSI참조모델의 필요성

OSI 참조모델은 대체로 다음과 같은 이유 때문에 그 필요성이 대두되었다.

- 컴퓨터 및 통신기술이 급속도로 발전함에 있어 문자, 음성, 화상정보 등 다중체를 동시에 수용할 수 있는 복합된 기반기술이 필요하고
- 컴퓨터가 직접 혹은 네트워크를 통해서 서로 연결되어 정보를 주고받을 수 있게 하기 위한 하나의 지침이 필요하며,
- 여러 개의 컴퓨터를 연결하기 위해서 시스템 간 통신을 할 수 있도록 하는 하드웨어와 소프트웨어 상의 통일된 요구 조건이 대두되었으며,
- 이 기종 컴퓨터 간 서로 통신할 수 없다는 폐쇄적인 생각 때문에 이 기종간 네트워크 구축에 대한 문제 및 컴퓨터 네트워크에 대한 표준화가 되어 있지 않았기 때문에 이 기종간의 통신상 문제가 발생되었다.

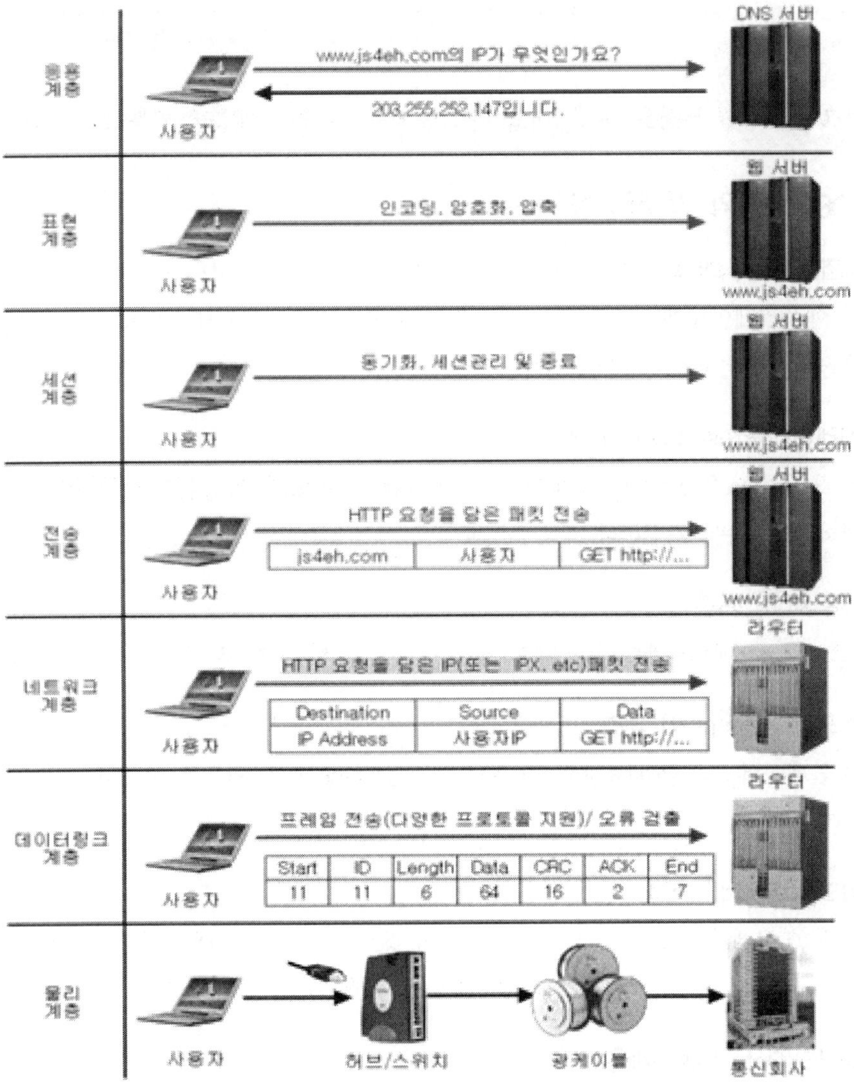

그림 1.21 OSI 7 계층 구조

7.2.4 계층별로 기능을 나누는 이유

- 상호 관계가 있는 네트워크 기능을 보다 단순한 요소로 나누기 위함이다.
- Plug and Play(PnP) 호환성과 멀티밴드(multivendor) 통합에 대한 표준 인터페이스를 제시하고 디자인과 개발에 있어서 엔지니어를 전문화한다.
- 상이한 인터네트워크(Internetwork) 모듈 기능이 상호 동작할 수 있는 환경을 구축하여 균형적으로 발전하도록 한다.

- 한 계층의 내부 변화가 다른 계층에 영향을 미치지 않도록 하며, 각 계층이 독자적으로 발전할 수 있도록 한다.
- 네트워크의 복잡한 특성을 구체적이고 서로 도와줄 수 있는 계층별 기능으로 나눌 수 있다.

7.2.5 OSI 모델의 각 계층별 기능

▸ **애플리케이션(Application) 계층**

사용자 애플리케이션에 네트워크 서비스를 제공하게 된다. 인터넷 서비스에서 파일전송(FTP), 전자우편(E-mail), www 등이 이 계층에 해당한다.

▸ **프리젠테이션(Presentation) 계층**

데이터 표현(Data Representation), 코드 포맷(Code Format)을 제공한다. TCP/IP에서는 애플리케이션에서 이 기능을 포함한다.

▸ **세션(Session) 계층**

두 호스트 간에 애플리케이션을 위한 커넥션 기능 설정, 유지 및 복구시키는 기능을 수행한다.

▸ **트랜스포트(Transport) 계층**

데이터를 데이터 스트림(data stream) 또는 세그먼트(segment) 단위로 분해하고 조합하는 기능을 수행한다.

▸ **네트워크(Network) 계층**

데이터를 한 곳에서 다른 곳으로 보내는 최적의 경로를 결정한다. 네트워크 어드레스를 관리한다. 라우터(Router)가 이 계층에서 작동하는 대표적 장비이다.

▸ **데이터링크(Data link) 계층**

- 장비의 물리적인 어드레스(MAC address)를 관리한다.
- 오류 체크(error check), 흐름제어(flow control) 기능을 제공한다.
- 브리지(Bridge), 스위치(Switch)가 이 계층에서 작동하는 장비이다.

▸ **물리(Physical) 계층**

시스템 사이에서 물리적인 전송을 담당한다. 전기적이고 물리적인 기능을 수행한다. 리피터(Repeater), DSU/CSU, Hub 들이 이 계층에서 작동하는 대표적인 장비 등이다.

7.3. OSI 7Layer 각 계층별 구분

7.3.1 애플리케이션 계층(application Layer)

- 응용계층은 사용자나 소프트웨어를 네트워크에 접근 할 수 있도록 해준다. 사용자 인터펭시를 제공하고, 전자우편, 원격파일 접근 및 전송, 공유 데이터베이스 관리, 그리고 다양한 형태의 분산정보 서비스를 제공한다.

- 애플리케이션은 컴퓨터 애플리케이션과 네트워크 애플리케이션 그리고 인터네트워크 애플리케이션으로 구분한다.

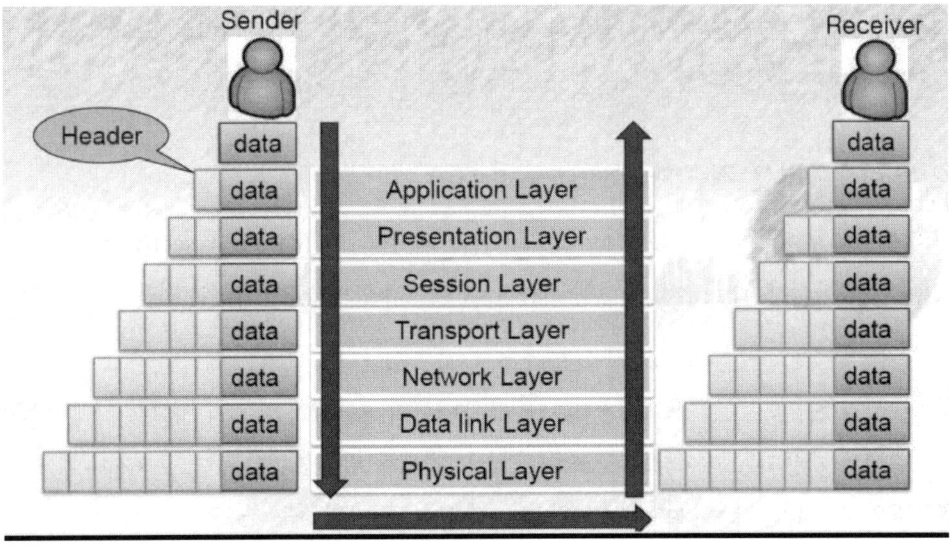

그림 1.22 애플리케이션 계층

- 컴퓨터 애플리케이션 데스크톱(PC) 자원을 활용하는 프로그램을 말한다. 워드프로세서, 스프레드시트, 프레젠테이션 그래픽스, 데이터베이스 등

- 네트워크 애플리케이션 네트워크와 관련된 통신 구성 요소를 가지고 있어야 한다. 예를 들면 워드프로세서는 통신 장비를 거쳐 문서자체를 전송매체에 전송할 수 있게 하기 위해서 파일 전송 구성요소와 결합해야 한다. 이 파일 전송 매체는 워드프로세서 자체를 OSI 내에 애플리케이션으로 구분하게 하며 OSI 참조 모델의 7계층에 속하게 한다.

▶ **인터네트워크 애플리케이션**

- 전자문서교환(EDI)은 비즈니스상의 주문, 재고 정리, 회계와 같은 업무의 흐름을 향상 시켜주는 특정 표준과 프로세서를 제공해준다.
- 월드 와이드 웹(WWW)은 텍스트, 그래픽, 비디오와 사운드를 포함하는 다양한 포맷을 사용하는 수많은 서버를 링크시켜 주는 역할을 한다. 넷스케이프(Netscape)와 같은 브라우저들은 액세스와 검색을 간편하게 해주는 역할을 한다.
- E-mail Gateway는 서로 다른 E-mail 애플리케이션 상으로 메시지를 보내기 위해 X.400이나 SMTP와 같은 표준을 사용하게 된다.
- 수많은 종류의 게시판은 채팅, 메시지 게시, 자료를 공유하게 한다.
- 최근에는 다른 지역에 위치한 사람들과 실시간으로 비디오나 음성, 데이터, 그래픽 등의 정보를 상호 교환하여 통신회의를 할 수 있는 애플리케이션으로 발전되고 있다.

7.3.2 프리젠테이션 계층(Presentation Layer)

• 프리젠테이션 계층은 코드 포맷팅(formatting)이나 데이터 표현(data representation) 기능을 가지고 있다. 코드 포맷 팅과 데이터 표현은 사용자 의 데이터를 애플리케이션이 사용하는 파일로 만들어 준다.

• 프레젠테이션 계층은 그 자체가 유효한 사용자 데이터의 포맷이나 표시의 역할을 할 뿐만 아니라, 프로그램에서 사용되는 데이터의 구조와도 깊은 관계가 있다. 예를 들면 프레젠테이션 계층은 EBCDIC와 ASCII와 같은 다른 텍스트와 데이터 문자 표현 방식을 가진 시스템 사이에서 구문변환의 역할을 하기도 한다.

• 프레젠테이션 계층은 데이터 암호화(encryption)를 포함한다.

• 프레젠테이션 계층은 데이터 압축(compression)을 포함한다.

• 프레젠테이션 계층은 그래픽과 이미지의 표현에 대한 표준들을 제시한다.

- PICT는 매킨토시나 Power PC에서 사용하는 QUICKDraw를 전송하기 위해 사용하는 데이터그램 포맷이다.
- TIFF(Tagged Image File Format)은 높은 해상도의 비트맵 이미지를 위한 표준 그래픽 포맷이다.
- JPEG는 Joint Photographic Expert Group에서 기인된 표준이다.

- 음악 · 영상에 대한 프레젠테이션 표준은 다음과 같다.
  - MIDI(Musical Instrument Digital Interface)는 디지털화된 음악을 지원한다.
  - MPEG(Motion Picture Expert Group)는 1.5Mbps의 전송률까지의 비트 전송률을 위한 비디오 모션의 압축과 코딩의 표준이다.

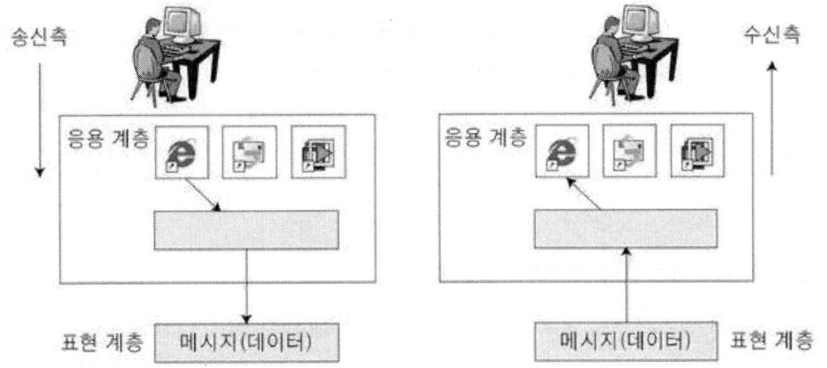

그림 1.23 프레젠테이션 계층

7.3.3 세션 계층(Session Layer)

- 세션계층은 양측 애플리케이션 사이의 연결(connection)을 설정하고 관리하며, 종결시키는 역할을 수행한다.

- 기본적으로 세션계층은 다른 호스트(host) 사이에서 애플리케이션들이 통신할 때 일어나는 서비스 요청과 응답 형태로 대화한다.

- 세션계층의 인터페이스는 다음과 같은 것이 있다.
  - NSF(Networking File System): 썬 마이크로시스템사가 개발하였으며, TCP/IP나 UNIX 워스테이션을 사용하여 원격의 네트워크 자원을 액세스하기 위한 분산 파일 시스템이다.
  - SQL(Structured Query Language): IBM에 의해 개발된 데이터베이스 언어이다.
  - X Windows System: UNIX 시스템을 원격의 터미널이 직접 액세스하여 UNIX 시스템 화면을 원격 터미널에 보여주게 하는 프로토콜이다.
  - AppleTalk Session Protocol: 애플톡 클라이언트와 서버 사이의 세션을 성립하고 유지시키는 역할을 수행한다.
  - DNA SCP(Digital Network Architecture Session Control Protocol): DECnet의 세션층의 프로토콜이다.

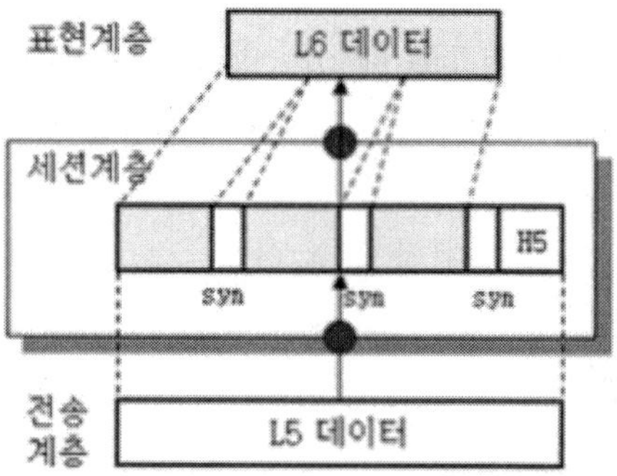

그림 1.24 세션 계층

7.3.4 트랜스포트 계층(Transport Layer)

- 전송계층은 전체 메시지의 프로세스 대 프로세스 전달 책임을 진다. 네트워크층은 개별적인 패킷들의 종단 대 종단 전달을 감독하지만, 패킷들 사이의 관계를 전혀 인식하지 못하므로 마치 각각의 조각이 별개의 메시지속에 있는 것처럼 독립적으로 다룬다. 반면 전송층은 오류제어와 흐름제어를 발신지 대 목적지 수준에서 감독하면서 전체 메시지가 완전하게 바른 순서대로 도착하는 것을 보장한다. 즉 전달층은 하나의 프로세스로부터 다른 프로세스로 메시지를 전달하는 책임을 진다.

- 트랜스포트 서비스는 상위 계층의 애플리케이션을 데이터 스트림(data stream)으로 쪼개거나(segment) 조합(reassemble)하는 역할을 한다.

- 트랜스포트 계층은 end to end 전송 서비스를 제공한다. 즉 인터네트워크의 양 종단 간의 논리적인 연결을 성립하여 end to end 전송서비스를 제공한다. end to end는 각각 발신지와 착신지 호스트를 말한다.

- 트랜스포트 계층은 세그먼트를 보낼 때 데이터 흐름 제어를 한다. 흐름제어(flow control)는 목적지 호스트의 버퍼(buffer)에서 오버플로잉(Over flowing)이 되는 것을 방지하는 역할을 한다. 오브플로우는 전송된 데이터의 손실을 가져올 수 있다.

- 트랜스포트 서비스는 시스템간의 통신에서 신뢰성 있는 데이터 전송을 가능하게 한다. 시스템간에 연결 지향적(connection-oriented) 통신은 신뢰성 있는 전송을 보장한다.
  - 신뢰성 있는 전송이란 송신한 세그먼트에 대해 목적지로 부터 수신확인(Ack)을 받는 것을 말한다.
  - 수신확인(Ack)이 되지 않은 세그먼트에 대해서는 재전송을 하게 한다.

- 목적지에서 수신한 여러 세그먼트를 송신한 순서대로 정렬하는 기능(순서제어)을 제공한다.
- 데이터의 충돌을 피하거나 제어할 수 있게 한다.

• 연결지향적인(connection-oriented) 세션

• 신뢰성 있는 전송 서비스를 제공하기 위해서 사용자는 트랜스포트 계층에 있는 피어(peer) 시스템과 연결 지향적인 세션을 맺어야 한다.

• 데이터 전송을 시작하기 위해서 발신지와 목적지의 애플리케이션 프로그램 모두 각각의 운영체제(OS)에게 연결이 시작될 것이라는 것을 서로에게 알린다.

• 이 연결지향적인 세션에 의해 목적지에서 송신측으로 전송을 시작해도 좋다는 신호를 보내면 송신측은 송신할 수 있게 된다.

• 두 운영체제에서 프로토콜 프로그램 모듈(module)들은 네트워크를 통해 전송이 허가(authorization) 되고 발신 측과 착신 측과의 전송이 준비되었다는 것을 확인하기 위해서 특별한 세그먼트를 전송함으로써 통신을 시작한다.

• 전송이 이루어지는 동안에 발신 측과 착신 측의 두 호스트들은 데이터 자체가 정확하게 전해졌는지를 확인할 수 있는 기능을 가지고 있다.

- 위의 단계를 3 Way Handshake라 한다.

7.3.5 네트워크층 계층(Network Layer)

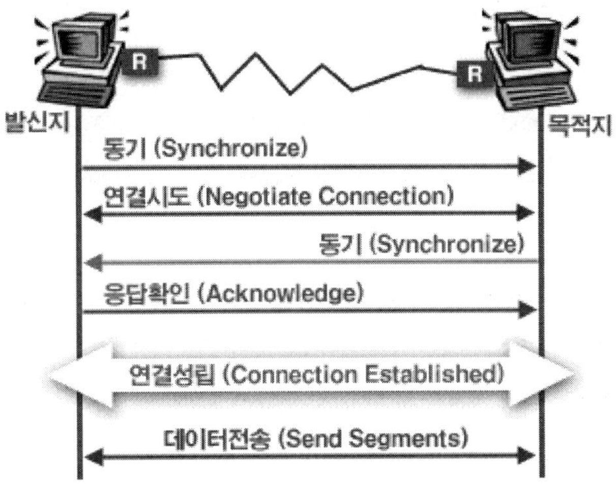

그림 1.25 네트워크 계층

네트워크 계층은 패킷을 발신지로부터 여러 네트워크(링크)를 통해 목적지 까지 전달하는 책임을 갖는다. 데이터링크 계층은 같은 네트워크에 있는 두 시스템간에 패킷 전달을 제공하는데 반해 네트워크 계층은 각 패킷의 발신지로부터 최종 목적지까지 전송을 제공한다. **즉 네트워크층은 발신지로부터 최종 목적지로 패킷을 전달하는 책임을 갖는다.**

공중패킷 교환망 또는 인터네트워크에서 목적지 네트워크로 데이터(패킷)를 전달하기 위해 패킷을 분석 어드레싱(addressing)하여 최적의 경로(best path)를 정의하고 각종 통신망을 통하여 양단의 시스템 사이에서 데이터 교환을 가능케 한다. 때문에 어떤 경로를 통해서 데이터를 전송할 것인가 하는 routing 기능이나, 각 네트워크 사이에서 데이터의 중계 기능을 수행한다.

네트워크 계층은 데이터링크층과 물리층의 도움으로 망종단 즉, End 시스템 사이의 데이터 전송을 수행한다. 구체적인 기능은 다음과 같다.

- 어드레싱(addressing): 통신 상대방 지정
- 루팅(routing): 통신 경로 선택
- 데이터의 전송, 중계

패킷교환(packet switching)이란 전송 데이터를 패킷(Packet)으로 조립하여 네트워크로 보내면 이를 축적해서 최종 목적지까지 전송하는 하나의 데이터통신망 방식이다. 주요 특징은 다음과 같다.

- 하나의 물리적 회선을 복수의 논리채널로 이용하여 회선 이용률이 높다
- 패킷 단위 전송에서 오류 제어 및 유연한 경로 방식 선택으로 전송의 신뢰성확보
- 노드에서패킷을 축적해서 전송하므로 속도변환 등 통신처리 서비스 제공 가능

7.3.6 데이터 링크 계층(Data Link Layer)

데이터 링크 계층은 가공되지 않은 내용의 전송을 담당하는 물리층을 신뢰성 있는 링크로 변환시켜 주고 노드 대 노드(node-to-node delivery)을 책임진다. 데이터링크층은 상위 계층에서 느끼기에는 오류 없는 물리층처럼 보이도록 한다. **즉, 데이터 링크층은 한 노드에서 다른 노드로 프레임을 전송하는 책임을 진다.**

물리층의 bit 전송기능을 이용해서 인접한 시스템(node) 사이에서 투과적(transparent)이며, 신뢰성이 높은 데이터 전송을 수행한다. 대표적인 데이터 링크층의 프로토콜이 HDLC(High Level Data Link Control), Ethernet의 LLC(Logical Link Control) 등이 있으며, 데이터 전송오류 제어절차(IEEE 802.3 LLC에서는 오류 체크기능) 등이 수행된다.

7.3.7 물리 계층(Physical Layer)

물리 계층은 물리적 매체를 통해 비트 흐름을 전송하기 위해 필요한 기능들을 조정한다. 전송로에는 동선케이블이나 광섬유 등 각종 물리적 매체가 사용되어 진다. 이들 물리적 매체를 통해서 "bit열"의 전송기능을 제공하는 것이 물리층이며, 구체적으로 표현하면 bit 전송에 필요한 물리적 인터페이스 조건이나 전기적 조건 등이 정의되어 있다. 즉 물리층은 개별 비트들을 한 노드에서 다음 노드로 전달하는 책임을 갖는다.

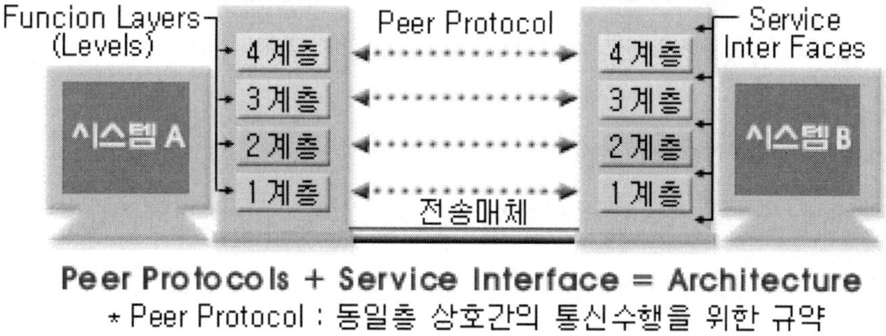

그림 1.26 물리 계층

▸ Peer-to-peer 통신

- 계층화 모델에서 각 계층은 통신하고자 하는 상대 시스템내의 동일한(peer) 계층프로토콜과 통신을 한다.
- 각 계층의 프로토콜은 PDU(Protocol Data Units)라고 하는 제어 정보를 상대측 peer 계층과 교환한다.
- 각 계층들은 인터페이스(interface)를 경계로 서로 구분한다. 케이블과 같은 물리적인 인터페이스가 아닌 논리적인 경계를 말한다.
  - 예를 들어 트랜스포트 계층의 세그먼트(segment)를 네트워크 계층의 데이터 부분으로encapsulation할 때 그 세그먼트에 대한 종류 표시로 TCP 포트(port) 번호를 부여하여 IP 계층으로 encapsulation된다.
  - 이렇게 상위 계층이 하위 계층으로 encapsulation되는 프로세스 통로를 인터페이스라고 한다.
- 사용자의 데이터는 프레젠테이션 계층으로 부터 물리계층에 이를 때까지 각 계층은 상대방의 같은(peer) 계층에서 인식할 수 있도록 데이터에 추가적으로 헤드(head)정보를 더하여 하위 계층으로 넘겨주게 된다.

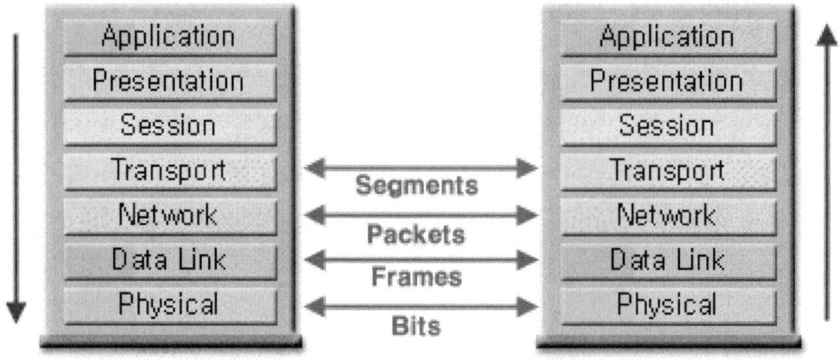

그림 1.27 peer-to-peer 통신

▸ Data Encapsulation(데이터 조립)

- OSI 계층화 모델의 각 계층은 그 아래에 있는 계층 서비스를 이용하여 기능을 수행하게 된다.
- 하위 계층이 상위계층에 서비스를 제공하기 위해 상위 계층으로 부터 받은 상위계층의 헤더를 포함한 데이터를 데이터 필드(field)로 하는 PDU에 집어넣어 encapsulation하고, PDU 헤드나 트레일러(trailer)로 추가한다.
- 네트워크 계층은 트랜스포트 계층에 서비스를 제공하며 세그먼트에 헤드를 붙여 데이터 그램(datagram)을 생성한다. 이 헤더 내에 발신지 네트워크 어드레스(예: 발신지의 IP 어드레스) 및 목적지 네트워크 어드레스와 같은 전송에 필요한 정보를 포함한다.
- 데이터 링크 계층은 네트워크 계층에 서비스를 제공하고 프레임(frame)안에 네트워크 계층에 대한 정보를 encapsulation한다. 프레임 헤더는 데이터 링크 기능에 필요한 정보를 포함한다. 예를 들면 프레임 헤더 안에 포함된 정보는 물리적 어드레스(발신지와 목적지의 MAC 어드레스)가 그 예이다.
- 물리계층은 또한 데이터 링크 계층에 서비스를 제공하게 되고 매체(media) 상의 전송을 위하여 데이터 링크 프레임을 이진(binary)의 신호로 인코딩(encoding)하는 서비스를 제공한다.

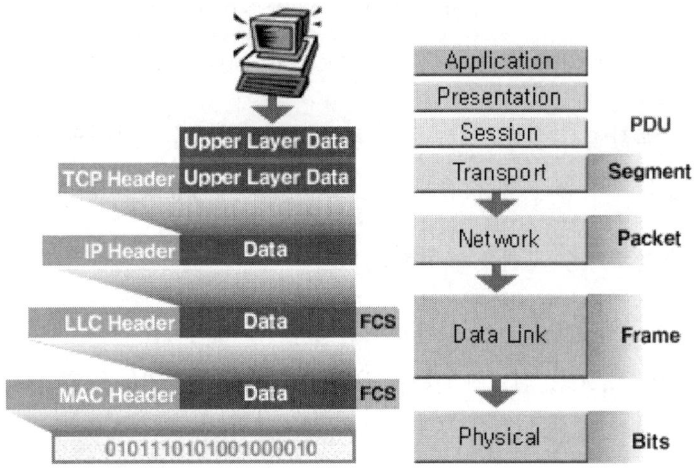

그림 1.28 데이터 조립

▸ Data De-Encapsulation(데이터 분해)

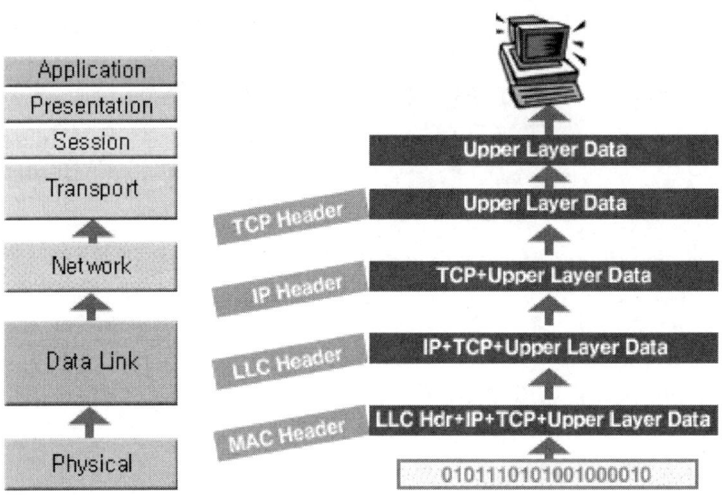

그림 1.29 데이터 조립

송신측에서 전송한 데이터는 물리적인 매체를 통하여 원격장치의 물리층에 일련의 비트열로 도달하게 된다. 이 비트열은 프레임 단위의 처리를 위하여 데이터링크층으로 넘겨진다.

데이터링크층이 해당 프레임을 받으면 다음과 같은 일이 수행된다.

- 송신측 장치의 동일 계층에 의해서 제공된 제어정보를 읽는다.
- 프레임으로 부터 제어정보(MAC 헤드)를 벗겨낸다.

- MAC 헤드를 잘라낸 나머지 프레임 부분을 상위 계층으로 전달한다.
- 상위 계층에서는 다시 데이터링크 제어 부분인 LLC 헤드를 벗겨서 상위계층으로 넘긴다.

이와 같은 방법을 반복하여 최종적으로 응용에 송신측의 데이터를 전달하게 된다. 이 때 각 계층의 제어정보는 송수신 장치의 동일 계층 간에 교환하여 필요한 기능을 수행하게 된다.

▸ OSI에서의 계층화는 7계층 모델을 규정하고 있다.

이러한 7계층 모델은 구체적으로 높은 신뢰도를 유지하면서 데이터를 투과적으로 전송하기 위한 하위계층(물리층, 데이터 링크층, 네트워크층)과 응용에 의존한 통신기능을 취급하고 있는 상위계층(세션층, 프리젠테이션층, 응용층)으로 구분하고 있다.

각 계층은 하위 계층과 상위계층간의 인터페이스를 통하여 서비스를 제공하게 되고, 이 서비스는 하위에 있는 계층이 상대측 동일 계층과 통신하는 peer 프로토콜에 의해 제공 되어 진다.

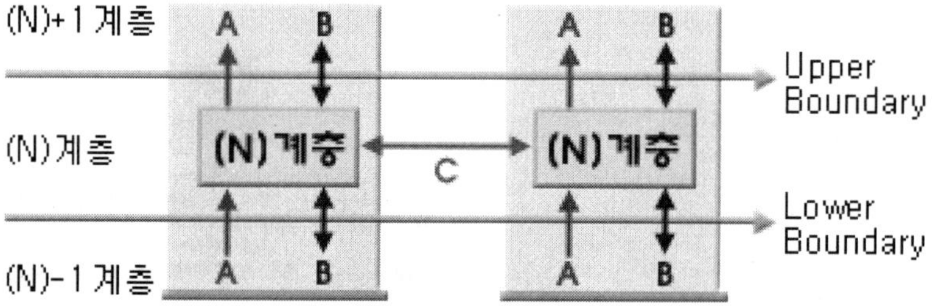

그림 1.30 상위계층간의 인터페이스 OSI 참조모델

제 2 장

LTE망 IP 주소 할당기술

1. IP 주소 할당 개요

LTE망이 유동 IP 주소를 할당하는 경우, 사용자 단말은 어디에서 접속하든 해당 도시에서 동적으로 IP 주소 (PDN 주소)를 할당 받고 P-GW를 통하여 PDN으로 연결된다. 어느 도시에서든 IP 주소 할당 절차는 그림 2.1를 참조한다. 반면에 고정 IP 주소를 할당하는 경우에는 사용자 단말은 어디에서 접속하든 항상 같은 IP 주소를 할당 받고 정해진 P-GW를 통하여 PDN으로 연결된다. 가입 프로파일에 의해 영구적인 IP 주소가 할당 되는 점은 PDN 접속점인 P-GW가 고정됨에 따라 default 베어러(사용자끼리 상호 간에 음성 음향 데이터 영상 등과 같은 정보를 내용의 변경 없이 실시간으로 전달하는 능력 수단을 제공하는 서비스) 경로는 UE가 접속한 도시에 서 설정될 수도 있고 다른 도시를 향해 설정한다.

2. IP 주소 할당 종류(Types of IP Address Allocation)

IP 주소 할당은 LTE망 환경으로 EMM 시나리오에서 다른 두 도시(서울, 대전) 모델을 적용하였다. 서울과 대전에는 각각 MME, S-GW, P-GW가 있다. 각 P-GW는 독립된 IP pool을 가지며 HSS는 서울에만 위치한다. 사용자 단말은 하나의 PDN(인터넷)을 이용하고, PDN 연결을 요청할 때 PDN 주소(IP 주소)와 함께 DNS 서버 IP 주소를 같이 요구하며, IP 주소 유형은 IPv4인 경우이다. 사용자 동작 시나리오는 다음과 같다.

① 서울에서 UE를 power-on하고 LTE망에 접속하여 PDN(인터넷) 서비스를 이용한다.
② 서울에서 인터넷 서비스 이용을 마치고 UE를 power off한 후 대전으로 이동한다.
③ 대전에 도착 후 UE를 power-on하고 LTE망에 접속하여 PDN(인터넷) 서비스를 이용한다.

사용자 단말(UE)이 서울 또는 대전에서 LTE망에 초기 접속시 MME에게 PDN으로의 연결을 요청한다1. PDN 연결을 요청 받은 MME는 PDN으로 접속할 P-GW를 선택하고, P-GW는 해당 PDN에서 UE가 사용할 IP 주소(즉, PDN 주소)를 결정한다. P-GW는 default 베어러(사용자끼리 상호 간에 음성 음향 데이터 영상 등과 같은 정보를 내용의 변경 없이 실시간으로 전달하는 능력 수단을 제공하는 서비스)가 할성화 되는 과정에서 IP 주소를 UE에게 전달하고 UE는 이 IP 주소를 사용하여 PDN 서비스를 이용한다.

두 도시 모델에서 LTE망이 IP 주소를 할당하는 방법은 1편에서 살펴본 것처럼 유동 IP 주소(dynamic IP address) 할당 방법과 고정 IP 주소(static IP address) 할당 방법이 있다. 유동 IP 주소 할당 방법은 III 장에 서 고정 IP 주소 할당 방법은 IV 장에서 설명한다. IP 주소 할당 방법 별로 P-GW를 선택하는 방법과 IP 주소를 할당하는 주체는 [표 2.1]에서 나타낸다.

[표 2.1] IP 주소 할당 방법

	유동 IP 주소(Dynamic IP Addr)	고정 IP 주소(Static IP Addr)
IP 주소 할당	P-GW (Local IP pool에서 IP 주소를 할당)	HSS (HSS에 저장되어 있는 IP 주소를 할당)
P-GW 선택	MME가 동적으로 선택 (P-GW 선택 정책에 따라 동적으로 P-GW를 선택)	HSS에 있는 고정 P-GW를 선택 (HSS에 저장되어 있는 고정 P-GW를 선택)

3. 유동 IP 주소 할당(Dynamic IP Address Allocation)

유동 IP 주소 할당인 경우, 망은 사용자가 망에 초기 접속할 때마다 동적으로 IP 주소를 할당한다. MME는 PDN에 접속할 P-GW를 선택하여 EPS 세션(즉 PDN 연결) 생성을 요청하고, P-GW는 PDN에서 UE가 사용 할 IP 주소를 동적으로 결정한다. 그림 2.1은 서울과 대전 모델에서 유동 IP 주소가 할당되는 과정을 보여준다.

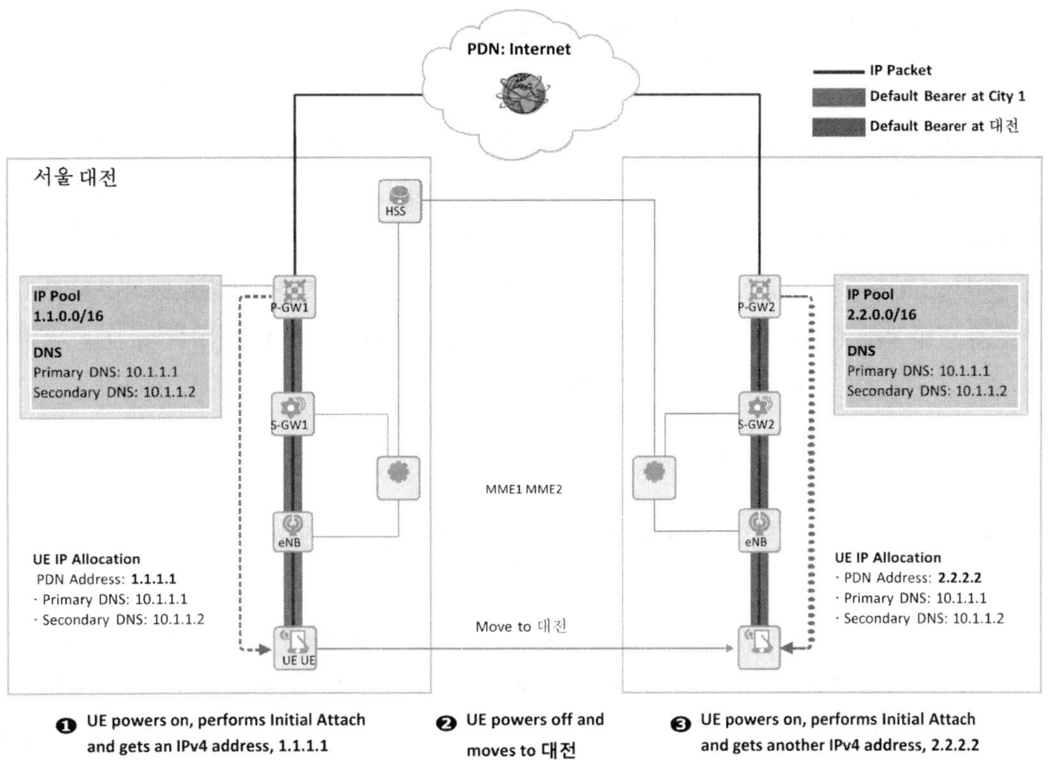

그림 2.1 유동 IP 주소 할당(Dynamic IP Address Allocation)

3.1 IP Provisioning at P-GW

P-GW1과 P-GW2에는 UE에게 할당할 IP 주소를 가진 IP Pool과 DNS 서버 IP 주소가 사업자에 의해 미리 설정되어 있다.

P-GW1
- IP Pool: 1.1.0.0/16 (1.1.1.1 ~ 1.1.255.254)
- DNS 서버 IP 주소: Primary DNS: 10.1.1.1
  Secondary DNS: 10.1.1.2

P-GW2
- IP Pool: 2.2.0.0/16 (2.2.1.1 ~ 2.2.255.254)
- DNS 서버 IP 주소: Primary DNS: 10.1.1.1
  Secondary DNS: 10.1.1.2

3.2 IP 주소(PDN 주소) 획득과 PDN 연결

Power on 후 UE는 해당 도시에 있는 MME로 PDN 연결을 요청한다. MME는 HSS로부터 가입 프로파일을 다운로드 받아 UE가 고정 IP 주소를 사용하지 않음을 확인한다. MME은 local P-GW(P-GW1 또는 P-GW2)를 선택하고 P-GW는 IP pool에서 가용한 IP 주소를 선택하여 UE에게 할당한다. Default 베어러(사용자끼리 상호 간에 음성 음향 데이터 영상 등과 같은 정보를 내용의 변경 없이 실시간으로 전달하는 능력 수단을 제공하는 서비스)가 설정되는 과정에서 UE는 local P-GW로부터 단말기 IP 주소와 DNS 서버 IP 주소를 전달받고, local P-GW를 통해 PDN(인터넷) 으로 연결되어 인터넷 서비스를 이용한다.

4. 고정 IP 주소 할당(Static IP Address Allocation)

고정 IP 주소 할당 방법에서는 UE가 PDN에서 사용할 IP 주소(PDN 주소)와 PDN으로 접속할 P-GW의 ID가 미리 정해져서 가입 프로파일로 HSS에 저장되어 있다. 사용자가 어디에서 LTE망에 접속하던지 MME는 가입 프로파일에 있는 고정 P-GW를 선택하고 P-GW는 가입 프로파일에 있는 고정 IP 주소를 할당한다. UE는 어디에서 망에 초기 접속하든 같은 IP 주소를 할당 받고 default

베어러(사용자끼리 상호 간에 음성 음향 데이터 영상 등과 같은 정보를 내용의 변경 없이 실시간으로 전달하는 능력 수단을 제공하는 서비스)는 UE와 고정 P-GW간에 설정된다. 그림 2.2는 서울, 광주 모델에서 고정 IP주소가 할당되는 과정을 보여준다.

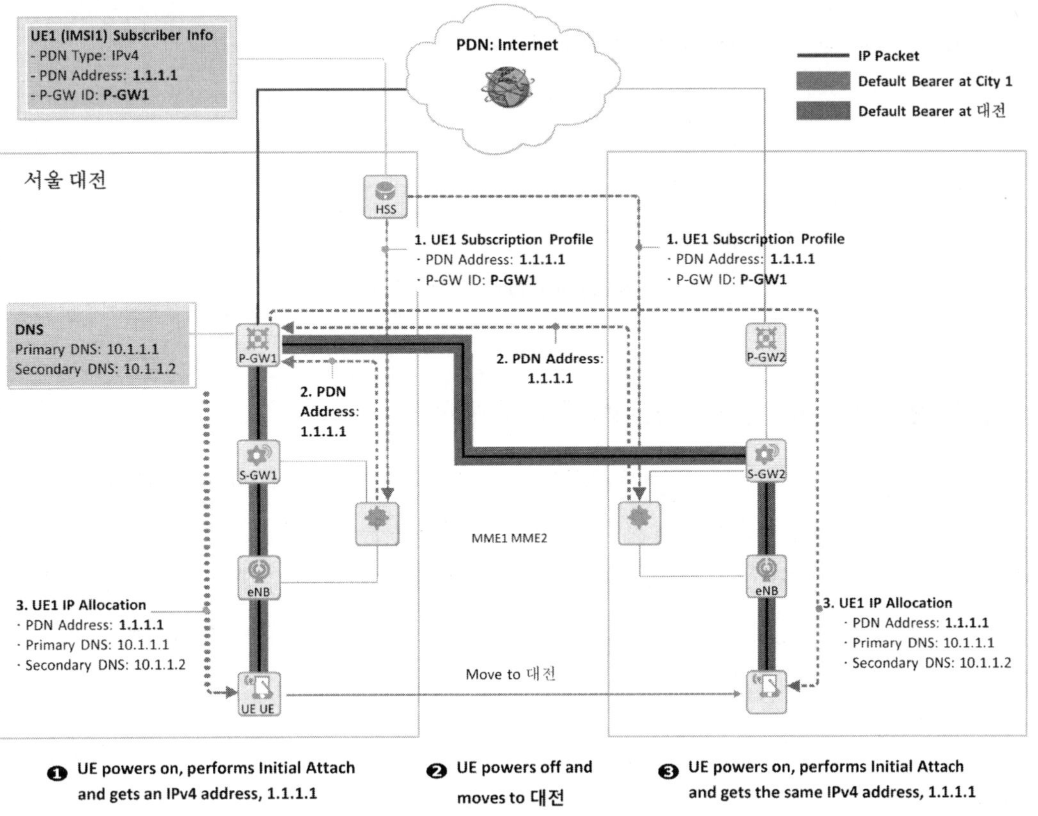

그림 2.2 고정 IP 주소 할당 (Static IP Address Allocation)

4.1 IP Provisioning at HSS

HSS에는 가입자 별로 가입 프로파일이 제공되어 있다. 가입 프로파일은 PDN 접속에 사용되는 PDN 타입, PDN 주소(IP 주소) 및 P-GW ID를 포함한다.

> HSS
> - UE1: PDN 타입: IPv4, PDN 주소: 1.1.1.1, P-GW ID: P-GW1
> - UE2: PDN 타입: IPv4, PDN 주소: 1.1.1.2, P-GW ID: P-GW2
> - …

4.2 IP Provisioning at P-GW

P-GW에는 UE에게 할당할 DNS 서버 IP 주소가 미리 설정되어 있다.

P-GW1
- DNS 서버 IP 주소: Primary DNS: 10.1.1.1
  Secondary DNS: 10.1.1.2

P-GW2
- DNS 서버 IP 주소: Primary DNS: 10.1.1.1
  Secondary DNS: 10.1.1.2

4.3 PDN 주소(IP 주소) 획득과 PDN 연결

Power on 후 단말기는 해당 도시에 있는 MME로 PDN 연결을 요청한다. MME는 HSS로부터 가입 프로파일을 다운로드 받아 UE가 고정 IP 주소와 고정 P-GW를 사용함을 확인한다. 이들을 이용하여 EPS 세션(PDN 연결) 생성 및 EPS 베어러(사용자끼리 상호 간에 음성 음향 데이터 영상 등과 같은 정보를 내용의 변경 없이 실시간으로 전달하는 능력 수단을 제공하는 서비스) 설정 절차를 시작한다.

이로써 단말기는 어디에서 LTE망에 접속하든 고정 IP 주소를 할당 받고, P-GW1으로 default 베어러(사용자끼리 상호 간에 음성 음향 데이터 영상 등과 같은 정보를 내용의 변경 없이 실시간으로 전달하는 능력 수단을 제공하는 서비스) 경로가 설정되고, P-GW1을 통해 PDN(인터넷)으로 연결되어 인터넷 서비스를 이용한다. 각 도시에서 default 베어러(사용자끼리 상호 간에 음성 음향 데이터 영상 등과 같은 정보를 내용의 변경 없이 실시간으로 전달하는 능력 수단을 제공하는 서비스) 경로는 다음과 같이 설정된다.

- 서울: 단말기 - eNB - S-GW1 - P-GW1
- 대전: 단말기 - eNB - S-GW2 - P-GW1

4.4 고정 IP 주소 할당 절차

그림 2.3은 서울, 광주 모델에서 고정 IP 주소 할당 절차를 나타낸다.

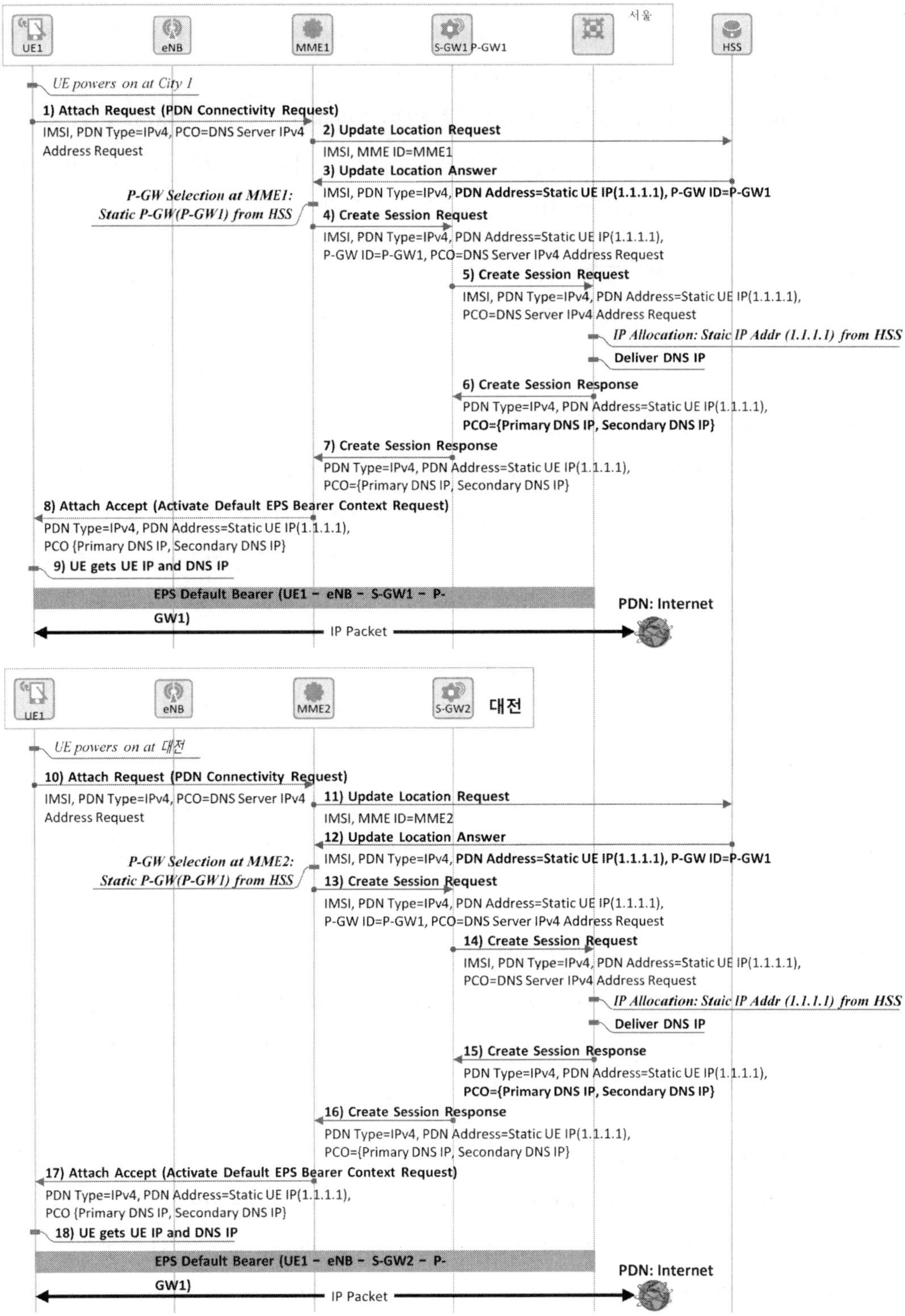

그림 2.3 고정 IP 주소 할당 절차

4.5 서울에서

1) [UE1 → MME1] PDN (인터넷) Connectivity 요청

서울에서 power on 후 단말기는 MME1으로 PDN Connectivity Request(PDN Type=IPv4, PCO=DNS Server IPv4 Address Request) 메시지를 전송하여 PDN 연결을 요청한다. IPv4 주소와 함께 PCO 필드에 의해 DNS 서버 IP 주소가 요청된다.

2) [MME1 → HSS] LTE망에 등록 요청

MME1은 HSS로 Update Location Request 메시지를 전송하여 단말기가 MME1의 제어를 받음을 알리고 망에 등록한다.

3) [MME1 ← HSS] 가입 프로파일 전달

HSS는 단말기가 MME1에 등록되어 있음을 파악하고, MME1으로 Update Location Answer (IMSI, PDN Type=IPv4, PDN Address=Static UE IP(1.1.1.1), P-GW ID=P-GW1) 메시지를 전송하여 단말기의 가입 프로파일 을 전송한다. 이 가입 프로파일은 단말기에게 부여한 고정 IP 주소와 P-GW ID를 포함한다.

4)~5) [MME1 → S-GW1 → P-GW1] 세션 생성 요청

MME1은 HSS로부터 단말기의 가입 프로파일을 수신하여 UE가 고정 IP 주소(1.1.1.1)와 고정 P-GW ID(P-GW1)를 가짐을 파악한다. HSS로부터 수신한 고정 IP 주소와 단말기로부터 수신한 PCO를 포함하는 Create Session Request(IMSI, PDN Type=IPv4, PDN Address=Static 단말기 IP(1.1.1.1), PCO=DNS Server IPv4 Address Request) 메시지를 발생하고 P-GW1으로 전송한다.

6)~7) [MME1 ← S-GW1 ← P-GW1] 세션 생성 응답

P-GW1은 단말기가 부여 받은 고정 IP 주소와 DNS 서버 IP 주소를 포함하는 Create Session Response (IMSI, PDN Type=IPv4, PDN Address=Static UE IP(1.1.1.1), PCO={Primary DNS IP, Secondary DNS IP}) 메시지를 MME1으로 전송한다.

8) [UE1 ← MME1] Default 베어러 Context 할성화 요구

MME1은 단말기에게 Activate Default EPS Bearer Context Request (PDN Type=IPv4, PDN Address=Static UE IP(1.1.1.1), PCO={Primary DNS IP, Secondary DNS IP}) 메시지를 전송하여 default 베어러(사용자끼리 상호 간에 음성 음향 데이터 영상 등과 같은 정보를 내용의 변경 없이 실시간으로 전달하는 능력 수단을 제공하는 서비스) context를 할성화 시킬 것을 요청한다.

이 ESM 메시지는 단말기 고정 IP 주소(1.1.1.1)와 DNS 서버 IP 주소를 포함하며, EMM 메시지인 Attach Accept 메시지에 포함되어 전송된다.

9) [UE1] PDN 서비스를 이용할 IP 주소 획득: 고정 IP 주소

단말기는 고정 IP 주소와 함께 DNS 서버 IP 주소를 획득하고, 단말기와 P-GW1 간(UE1 - eNB - S-GW1 - P-GW1)에 default 베어러(사용자끼리 상호 간에 음성 음향 데이터 영상 등과 같은 정보를 내용의 변경 없이 실시간으로 전달하는 능력 수단을 제공하는 서비스)가 설정된다. 이제 단말기는 서울에서 PDN(인터넷)에 연결되고 고정 IP 주소를 이용하여 언제든 인터넷 서비스를 이용할 수 있다.

단말기가 인터넷 서비스 이용을 끝내고 power off하여 LTE망에서 detach되고, 대전으로 이동하여 다시 power on 한다.

4.6 대전에서

10) [UE1 → MME2] PDN (인터넷) Connectivity 요청

단말기는 MME2로 PDN Connectivity Request(PDN Type=IPv4, PCO=DNS Server IPv4 Address Request) 메시지를 전송하여 PDN 연결을 요청한다. IPv4 주소와 함께 PCO 필드에 의해 DNS 서버 IP 주소가 요청된다.

11) [MME2 → HSS] LTE망에 등록 요청

MME2는 HSS로 Update Location Request 메시지를 전송하여 단말기가 MME2의 제어를 받음을 알리고 망 에 등록한다.

12) [MME2 ← HSS] 가입 프로파일 전달

HSS는 단말기가 MME2에 등록되어 있음을 파악하고, MME1에서 UE1 context를 삭제하고(그림에서는 생략됨) MME2로 Update Location Answer(IMSI, PDN Type=IPv4, PDN Address=Static UE IP(1.1.1.1), P-GW ID=P-GW1) 메시지를 전달하여 단말기의 가입 프로파일을 전달한다.

13)~14) [MME2 → S-GW2 → P-GW1] 세션 생성 요청

MME2는 HSS로부터 단말기의 가입 프로파일을 수신하여 UE가 고정 IP 주소(1.1.1.1)와 고정 P-GW ID(P-GW1)를 가짐을 파악한다. HSS로부터 수신한 고정 IP 주소와 단말기로부터 수신한 PCO를 포함하는 Create Session Request(IMSI, PDN Type=IPv4, PDN Address=Static 단말기

IP(1.1.1.1), PCO=DNS Server IPv4 Address Request) 메시지를 발생하여 P-GW1으로 전송한다. 이 메시지는 S-GW2를 거쳐 서울에 있는 P-GW1으로 전달된다.

15)~16) [MME2 ← S-GW2 ← P-GW1] 세션 생성 응답

P-GW1은 단말기가 사용하는 고정 IP 주소와 DNS 서버 IP 주소를 포함하는 Create Session Response (IMSI, PDN Type=IPv4, PDN Address=Static UE IP(1.1.1.1), PCO={Primary DNS IP, Secondary DNS IP}) 메시지를 MME2로 전송한다.

17) [단말기 ← MME2] Default 베어러 Context 활성화 요구

MME2는 단말기에게 Activate Default EPS Bearer Context Request (PDN Type=IPv4, PDN Address=Static UE IP(1.1.1.1), PCO={Primary DNS IP, Secondary DNS IP}) 메시지를 전송하여 default 베어러(사용자끼리 상호 간에 음성 음향 데이터 영상 등과 같은 정보를 내용의 변경 없이 실시간으로 전달하는 능력 수단을 제공하는 서비스) context를 활성화시킬 것을 요청한다. 이 ESM 메시지는 Attach Accept 메시지에 포함되어 전송된다.

18) [단말기] PDN 서비스를 이용할 IP 주소 획득: 고정 IP 주소

단말기는 고정 IP 주소와 함께 DNS 서버 IP 주소를 획득하고, 단말기와 P-GW1 간(단말기 - eNB - S-GW2 - P-GW1)에 default 베어러(사용자끼리 상호 간에 음성 음향 데이터 영상 등과 같은 정보를 내용의 변경 없이 실시간으로 전달하는 능력 수단을 제공하는 서비스)가 설정된다. 대전에 있는 단말기는 서울에서 PDN(인터넷)에 연결되어 인터넷 서비스를 이용한다.

5. 단말기가 LTE망에 초기 접속

LTE망은 사용자 단말이 망에 초기 접속할 때 사용자가 가입한 서비스에 따라 PDN(예, Internet, IMS)으로 PDN connectivity(IP connectivity)를 제공하고 detach될 때까지 유지함으로써 사용자에게 "always-on IP connectivity"를 제공한다. PDN connectivity는 단말기에게 PDN에서 사용할 IP 주소를 할당함을 의미하며, PDN 별로 PDN connectivity를 제공하므로 PDN별로 IP 주소를 할당하게 된다.

본 장에서는 EMM 시나리오[2]의 두 도시 모델에서 LTE망에서 IP 주소를 할당하는 방법을 살펴보았다. 유동 IP 주소 할당인 경우, 언제 어디에서 망에 초기 접속하든 접속망의 MME가 선택한 P-GW가 IP 주소를 동적으로 할당하고, 사용자는 매번 다른 IP 주소를 할당 받게 된다. 고정 IP 주소 할당인 경우에는 HSS에 provisioning된 가입 정보(고정 IP 주소, 고정 P-GW ID)에 의해 매번 같은 IP 주소가 할당되고 같은 P-GW를 통해 PDN으로 연결된다.

Visit http://www.netmanias.com to view and download more technical documents.

차례	분류	문서명	본 문서
1	네트워크 구조	LTE 네트워크 구조: 기본	
2	Identification	LTE Identification I: UE 및 ME 식별자	
3		LTE Identification II: NE 및 Location 식별자	
4		LTE Identification III: EPS Session/Bearer 식별자	
5	Security	LTE Security I: LTE Security 개념 및 LTE 인증	
6		LTE Security II: NAS 및 AS Security	
7	QoS	LTE QoS: SDF 및 EPS 베어러 QoS	
8	EMM	LTE EMM 및 ECM 상태	
9		LTE EMM: 사용자 경험에 기반한 EMM 시나리오와 11가지 EMM Case	
10		LTE EMM Procedure: 1. Initial Attach (1편) - 초기 접속 종류 식별	
11		LTE EMM Procedure: 1. Initial Attach (2편) - 초기 접속 호 흐름	
12		LTE EMM Procedure: 2. Detach	
13		LTE EMM Procedure: 3. S1 해제 (S1 Release)	
14		LTE EMM Procedure: 4. 서비스 요청 (Service Request)	
15		LTE EMM Procedure: 5. 주기적 Tracking Area 갱신 (Periodic TAU)	
16		LTE EMM Procedure: 6. TAU 절차없는 핸드오버 (1편) - LTE 핸드오버 개요	
17		LTE EMM Procedure: 6. TAU 절차없는 핸드오버 (2편) - X2 핸드오버	
18		LTE EMM Procedure: 6. TAU 절차없는 핸드오버 (3편) - S1 핸드오버	
19		LTE EMM Procedure: 7. TAU 절차없는 셀 재선택	
20		LTE EMM Procedure: 8/9. TAU 절차를 동반한 핸드오버/셀 재선택	
21		LTE EMM Procedure: 10/11. Toward Another City	
22	PCC	LTE Policy and Charging Control (PCC)	
23	과금	LTE 과금 I: Offline	
24		LTE 과금 II: Online (TBD)	
25	IP 주소 할당	LTE망에서 IP 주소 할당 방법 I: 기본	
26		**LTE망에서 IP 주소 할당 방법 II: 두 도시 모델**	O

제 3 장

이동통신망에서 IP Network 기술

1. 개요

LTE망은 ALL IP 망으로 모든 사용자 트래픽은 IP 패킷으로 전달되며 사용자에게 "always-on IP connectivity"를 제공한다. 사용자 단말기가 LTE망에 접속할 때, 패킷 데이터 망(PDN; Packet Data Network)으로 연결하기 위하여 UE에게 PDN 주소(즉, PDN에서 사용할 IP 주소)가 할당되고 LTE 망에는(즉, 단말기와 P-GW 간에는) default 베어러가 생성된다. 이 default 베어러는 사용자 단말이 LTE망에서 detach 되기 전까지 유지 된다(즉 초기 접속시 UE에게 할당한 IP 주소가 유지된다).

Default 베어러는 APN(Access Point Name)1 별로 생성되므로 사용자는 APN 별로 IP 주소를 할당 받게 된다.

사용자가 할당 받는 IP 주소 유형은 IPv4, IPv6 또는 IPv4/IPv6 주소일 수 있다.

여기서 다르는 방법은 IP 주소 할당 방법과 절차에 대한 기본 적인 사항을 다룬다. 지리적으로 같은 장소에서 여러 번 망에 초기 접속하는 경우(예, 단말기가 power off 후 다시 power on) IP 주소 할당 방법에 따라 사용자에게 IP 주소가 어떻게 할당되는지 설명한다. 지리적으로 다른 지역(서울, 광주) 에서 초기 접속하는 경우 IP 주소 할당 방법에 따라 IP 주소가 어떻게 할당되는지 공부한다.

2. IP 주소 할당방법 종류

사용자 단말(UE)이 LTE망으로 초기 접속시 LTE망으로 PDN 연결을 요청한다. 사용자 단말에게 PDN 연결을 제공하기 위하여 P-GW는 사용자가 PDN에서 사용할 IP 주소(즉, PDN 주소)를 할당하고 이를 단말기에게 전달해 준다. PDN 주소는 P-GW와 단말기 간에 default 베어러가 활성화되는 과정에서 P-GW로부터 단말기에게로 전달되고 UE는 이 IP 주소를 사용하여 PDN이 제공하는 서비스를 이용한다.

P-GW가 사용자 단말에게 IP 주소를 할당하는 방법은 첫째, 사용자 단말이 망에 접속할 때마다 망(P-GW)에서 자동으로 할당하는 방법이 있고 둘째, 사용자가 가입할 때 IP 주소를 부여하고 망에 접속할 때마다 가입시 부여받은 IP 주소를 할당받는 방법이 있다. 첫 번째 방법을 유동 IP 주소(dynamic IP address) 할당 방법이라 하고 두 번째 방법을 고정 IP 주소(static IP address) 할당 방법이라 한다. 그림 3.1은 IP 주소 할당 방법의 종류와 특징을 나타낸다.

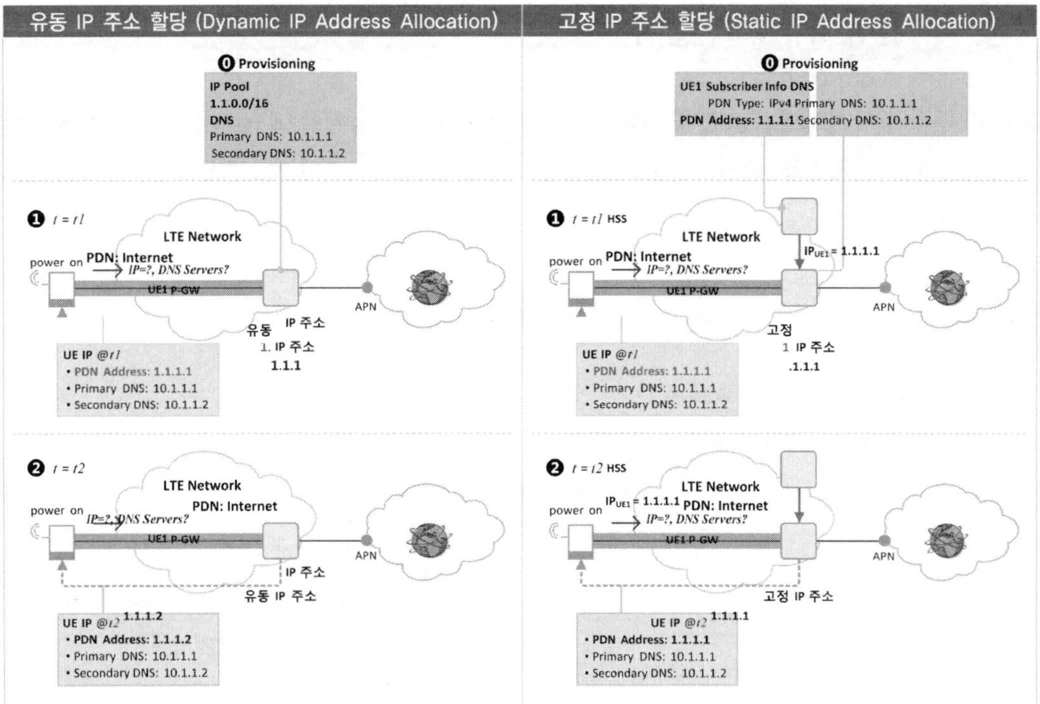

그림 3.1 IP 주소 할당 방법(IP Address Allocation Schemes)

유동 IP 할당 방법에서는 단말기에게 할당할 IP 주소는 망(예, P-GW)이 자동적으로 결정한다. 사업자는 P-GW 에 미리 IP pool을 provisioning해 놓고, UE가 LTE망에 초기 접속하면 P-GW가 동적으로 IP 주소를 결정하여 UE에게 할당한다. 따라서 단말기는 망에 초기 접속할 때마다 다른 유동 IP 주소를 할당 받는다.

반면에 고정 IP 할당 방법에서는 사용자가 사업자 망에 가입시 사업자가 UE가 영구적으로 사용할 IP 주소를 할당해준다. 사업자는 UE에게 할당한 고정 IP를 다른 가입 정보와 함께 망(HSS)에 가입 정보로 provisioning 해 놓고, UE가 LTE망에 초기 접속하면 P-GW는 HSS로부터 고정 IP 주소를 수신하여 이를 UE에게 전달해 준다. 따라서 UE는 망에 초기 접속할 때마다 같은 IP 주소를 할당 받는다.

사용자는 초기 접속시 PDN 연결을 요구하는 과정에서 PCO(Protocol Configuration Options)2 파라미터를 이용 하여 외부 프로토콜/어플리케이션과 관련된 프로토콜 데이터(예, configuration 파라미터)를 요구할 수 있다(예, DNS 서버 주소 요청, P-CSCF 주소 요청). 본 문서에서는 사용자 단말이 IP 주소와 함께 DNS 서버 주소를 같이 요구하는 경우를 설명한다.

3. 유동 IP 주소 할당

유동 IP 주소 할당 방법에서는, 망(P-GW)이 사용자 단말들에게 할당할 IP pool을 갖고, 사용자 단말이 LTE망에 초기 접속할 때마다 동적으로 IP 주소를 할당한다. 그림 3.2는 유동 IP 주소 할당 절차를 나타낸다.

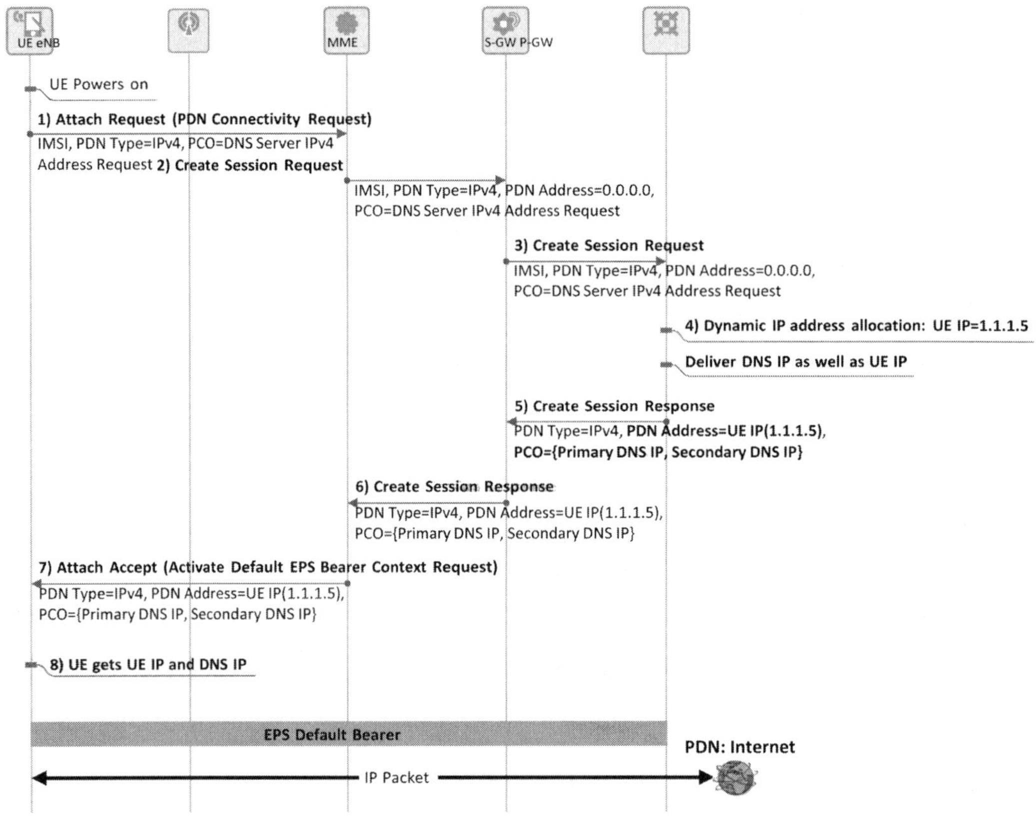

그림 3.2 유동 IP 주소 할당 절차(Procedure for a Dynamic IP Address Allocation)

3.1 IP Provisioning at P-GW

P-GW에는 단말기에게 할당할 IP 주소를 가진 IP Pool과 DNS 서버 IP 주소가 미리 설정되어 있다.

P-GW

- IP Pool: 1.1.0.0/16 (1.1.1.1 ~ 1.1.255.254)
- DNS 서버 IP 주소: Primary DNS: 10.1.1.1
  Secondary DNS: 10.1.1.2

3.2 유동 IP 주소 할당 절차

사용자가 단말기를 power on하여 LTE망으로 초기접속을 시도한다. 여기서는 IP 주소 할당에만 초점을 맞추어 설명한다.

1) [단말기 → MME] PDN (인터넷) Connectivity 요청

UE는 MME로 PDN Connectivity Request(PDN type=IPv4, PCO=DNS Server IPv4 Address Request) 메시지를 전달하여 PDN 연결을 요청한다. IPv4 주소와 함께 PCO 필드에 의해 DNS 서버 IP 주소가 요청된다. PDN Connectivity Request 메시지는 ESM 메시지로 EMM 메시지인 Attach Request(IMSI3, ESM Message Container) 메시지의 ESM Message Container 필드에 포함되어 전달된다.

2)~3) [MME → S-GW → P-GW] 세션 생성 요청

MME는 HSS로부터 받은 가입 프로파일(subscription profile)을 기반으로 EPS 세션을 생성하기 위하여 Create Session Request(IMSI, PDN Type=IPv4, PDN Address=0.0.0.0, PCO=DNS Server IPv4 Address Request) 메시지를 P-GW로 전달한다. 유동 IP 할당 방법이므로 가입 프로파일에는 IP 주소 정보가 없다. Create Session Request 메시지는 PDN 주소 필드에 0.0.0.0 값을 갖고 PCO 필드에 단말기로부터 수신한 PCO 정보를 그대로 포함한다.

4) [P-GW] PDN 주소 및 DNS 서버 주소 할당

P-GW는 PDN 타입과 PDN 주소(0.0.0.0)를 보고 단말기에게 IPv4 주소를 할당해야 함을 인지하고, IPv4 pool에서 IP 주소를 선택하여 UE에게 할당한다(예, 단말기 IP=1.1.1.5). PCO 필드에 의해 DNS 서버 IP 주소가 요청되었으므로 DNS 서버 IP 주소를 같이 할당한다.

5)~6) [MME ← S-GW ← P-GW] 세션 생성 응답

단계 2)와 단계 3)에 대한 응답으로 Create Session Response 메시지를 MME로 전달한다. 이 메시지는 PDN 주소에 local P-GW가 동적으로 할당한 UE IP 주소를 포함하고, 사용자가 PCO 필드를 통해 요청 한 DNS 서버 IP 주소를 PCO 필드에 포함하여 전달한다.

7) [단말기 ← MME] Default 베어러 Context 활성화 요구

MME는 UE에게 Activate Default EPS Bearer Context Request (PDN Type=IPv4, PDN Address=단말기 IP(1.1.1.5), PCO={Primary DNS IP, Secondary DNS IP}) 메시지를 전달하여 default 베어러 context를 활성화 시킬 것을 요청한다. 이 ESM 메시지는 단말기 IP 주소와 DNS 서버 IP 주소를 포함하며, EMM 메시지인 Attach Accept 메시지에 포함되어 전달된다.

8) [단말기] PDN 서비스를 이용할 IP 주소 획득: 유동 IP 주소

사용자 단말은 IP 주소(유동 IP 주소: 1.1.1.5)와 함께 DNS 서버 IP 주소(Primary DNS IP=10.1.1.1, Secondary DNS IP=10.1.1.2)를 획득한다. 단말기와 P-GW 간에는 default 베어러가 설정되고, 이제 단말기는 PDN(인터넷)으로 연결되어 유동 IP 주소를 이용하여 언제든 인터넷 서비스를 이용할 수 있다.

4. 고정 IP 주소 할당(Static IP Address Allocation)

고정 IP 주소 할당 방법에서는 사용자가 가입할 때 사업자가 단말기 IP 주소를 할당하고 사용자의 가입 프로파일을 구성하여 HSS에 저장하고. 사용자 단말이 LTE망에 초기 접속할 때마다 가입 프로파일에 있는 고정 IP 주소를 할당한다. 그림 3.3은 고정 IP 주소 할당 절차를 나타낸다.

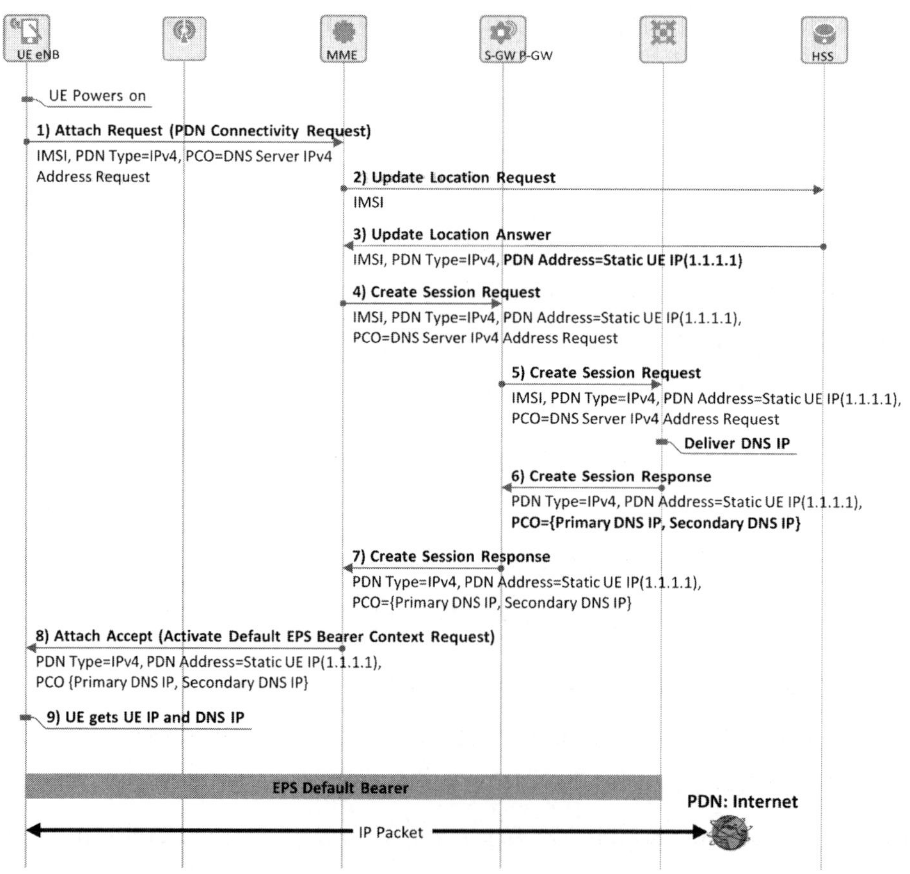

그림 3.3 고정 IP 주소 할당 절차(Procedure for a Static IP Address Allocation)

4.1 IP Provisioning at HSS

HSS에는 가입자 별로 가입 프로파일이 제공되어 있다. 가입 프로파일은 PDN 접속에 사용되는 PDN 타입, PDN 주소를 포함한다.

HSS
- UE1: PDN 타입: IPv4, PDN 주소: 1.1.1.1
- UE2: PDN 타입: IPv4, PDN 주소: 1.1.1.2
- …

4.2 IP Provisioning at P-GW

P-GW에는 UE에게 할당할 DNS 서버 IP 주소가 미리 설정되어 있다.

P-GW
- DNS 서버 IP 주소: Primary DNS: 10.1.1.1
  Secondary DNS: 10.1.1.2

4.3 고정 IP 주소 할당 절차

사용자가 단말기를 power on하여 LTE망으로 초기접속을 시도한다.

1) [단말기 → MME] PDN (인터넷) Connectivity 요청

단말기는 MME로 PDN Connectivity Request(PDN Type=IPv4, PCO=DNS Server IPv4 Address Request) 메시지를 전달하여 PDN 연결을 요청한다. IPv4 주소와 함께 PCO 필드에 의해 DNS 서버 IP 주소가 요청된다.

2) [MME → HSS] LTE망에 등록 요청

MME는 HSS로 Update Location Request 메시지를 전달하여 UE가 해당 MME(예, MME1)의 제어를 받음을 알리고 망에 등록한다.

3) [MME ← HSS] 가입 프로파일 전달

HSS는 단말기가 해당 MME1에 등록되어 있음을 파악하고, MME1으로 Update Location Answer(IMSI, PDN Type=IPv4, PDN Address=Static UE IP(1.1.1.1)) 메시지를 전달하여 UE의 가입 프로파일을 전달한다. 단말기 가입 프로파일은 단말기에게 부여한 고정 IP 주소를 포함한다.

4)~5) [MME → S-GW → P-GW] 세션 생성 요청

MME는 HSS로부터 단말기의 가입 프로파일을 수신하여 단말기가 고정 IP 주소(1.1.1.1)를 가짐을 파악한다. MME는 PDN 주소 필드에는 HSS로부터 수신한 고정 IP 주소를 포함하고 PCO 필드에는 단말기로부터 수신 한 PCO 정보를 그대로 포함하여 Create Session Request(IMSI, PDN Type=IPv4, PDN Address=Static 단말기 IP(1.1.1.1), PCO=DNS Server IPv4 Address Request) 메시지를 발생하여 P-GW로 전달한다.

6)~7) [MME ← S-GW ← P-GW] 세션 생성 응답

단계 5)와 단계 4)에 대한 응답으로 P-GW와 S-GW는 Create Session Response (IMSI, PDN Type=IPv4, PDN Address=Static UE IP(1.1.1.1), PCO={Primary DNS IP, Secondary DNS IP}) 메시지를 MME로 전달한다. 이 메시지는 PDN 주소 필드에 UE가 부여받은 고정 IP 주소를 포함하고, PCO 필드에 사용자가 요청한 DNS 서버 IP 주소를 포함한다.

8) [단말기 ← MME] Default 베어러 Context 활성화 요구

MME는 UE에게 Activate Default EPS Bearer Context Request (PDN Type=IPv4, PDN Address=Static UE IP(1.1.1.1), PCO={Primary DNS IP, Secondary DNS IP}) 메시지를 전달하여 default 베어러 context를 활성화 시킬 것을 요청한다. 이 ESM 메시지는 사용자의 고정 IP 주소(1.1.1.1)와 DNS 서버 IP 주소를 포함하며, EMM 메시지인 Attach Accept 메시지에 포함되어 전달된다.

9) [단말기] PDN 서비스를 이용할 IP 주소 획득: 고정 IP 주소

사용자 단말은 IP 주소(고정 IP 주소: 1.1.1.1)와 함께 DNS 서버 IP 주소(Primary DNS IP=10.1.1.1, Secondary DNS IP=10.1.1.2)를 획득한다. 단말기와 P-GW 간에는 default 베어러가 설정되고, 이제 단말기는 PDN(인터넷)으로 연결되어 고정 IP 주소를 이용하여 언제든 인터넷 서비스를 이용할 수 있다.

제 4 장

LTE망 접속절차

1. 개요

“LTE: 사용자 경험에 기반한 EMM 시나리오와 11가지 EMM Case들을 정의한 EMM Case 1, 즉 사용자가 LTE망/서비스에 가입한 후 처음으로 단말기 전원을 켜고 IMSI를 망으로 전송하면서 접속을 요청할 때 초기 접속(initial attach) 절차를 다룬다

사용자의 망 초기 접속 유형은 이 글에서 다룰 EMM Case 1과 앞으로 다룰 EMM Case 11(다른 도시로 이동 하여 망 접속) 외에도, 사용자(단말기)가 이전에 망에 접속했을 때 사용하던 정보(이하 이전 망 접속 정보로 부름)를 갖는가와 망(MME)이 UE ID를 포함한 사용자 정보(이하 “이전 사용자 접속 정보(UE Context)로 부름)를 갖는가에 따라 몇 가지 유형으로 구분할 수 있다. 초기 접속 유형을 분류하여 유형별 차이를 설명한다.

2. 초기 접속 유형

사용자(단말기)가 망에 접속할 때 MME에서 초기 접속 절차가 진행되는 유형을 살펴본다. 초기 접속 절차 첫 단 계는 사용자가 망에 접속 요청을 함으로써 이루어지는데, 성공적인 초기 접속 절차를 간단히 기술하면 UE가 MME로 접속 요청(Attach Request) 메시지를 전송함으로써 시작되고, MME가 단말기로 접속 승낙(Attach Accept) 메시지를 전송하면서 마무리된다. 이 때 단말기는 MME로 Attach Request(단말기 ID) 메시지를 전송하면서 자신이 누구인지 UE ID(IMSI 또는 Old GUTI3)를 통해 알리고, MME는 단말기로 Attach Accept(GUTI, TAI list) 메시지를 전송하면서 UE가 IMSI 대신 사용할 ID로 GUTI를, 위치 갱신 범위로 TAI list4를 알려준다.

UE로부터 Attach Request 메시지를 수신하여 UE로 Attach Accept 메시지를 전송하기 전까지 MME는 다음과 같은 절차를 거칠 수 있다:

- 단말기 ID 획득
- 가입자 인증 (Authentication)
- NAS Security Setup (NAS Security Key 설정)
- 위치 등록 (Location Update)
- EPS 세션 설정

이들 절차 중 어떤 절차를 거치는가는 초기 접속 유형에 따라 달라진다. 단말기 ID 획득과 EPS 세션 설정 절차는 모든 초기 접속 유형에서 공통으로 수행된다. 나머지 절차들, 즉 가입자 인증, NAS

Security Setup 및 위치 등록 절차는 초기 접속 유형에 따라 선택적으로 수행되는데 i) 단말기 ID가 무엇인가(IMSI or Old GUTI)와 ii) 이전 사용자 접속 정보가 망(MMEs)에 남아 있는가/없는가 등에 영향을 받는다. 이 글에서는 초기 접속 유형을 다음과 같은 기준으로 구분하기로 한다. 그림 4.1은 초기 접속 유형 구별을 위해 적용한 판단기준을 나타낸다.

- 단말기가 망 접속 요청을 어떤 UE ID를 사용하여 하는가(IMSI or Old GUTI)
- 단말기가 망 접속 요청을 어떤 MME로 하는가(이전5에 접속했던 MME or 이전에 접속하지 않은 MME)
- MME가 "이전 사용자 접속 정보(단말기 Context)"를 망으로부터 얻을 수 있는가(Yes or No)

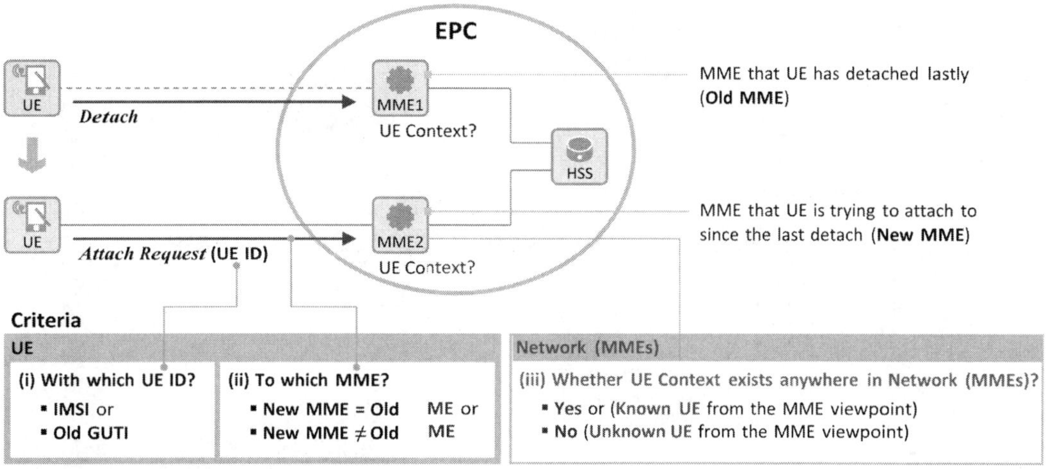

그림 4.1 Criteria for Classification of Initial Attach

망(MME)에 단말기 ID를 포함한 "이전 사용자 접속 정보"가 없는 경우에 사용자를 Unknown UE, 있는 경우에 사용자를 Known 단말기로 정의하고, 2.1절에서 Unknown 단말기에 대한 초기 접속 유형을 2.2절에서는 Known 단말기에 대한 초기 접속 유형을 설명한다. 단말기가 "이전 망 접속 정보"를 갖고 있는 경우 Attach Request 메시지 는 무결성 보호되어 전송되는 것으로 설명한다.

2.1 Unknown 단말기

그림 4.2는 사용자(단말기)가 Attach Request 메시지를 전송하여 망에 접속을 요청하였을 때 망(MME)이 사용자에 대한 정보를 갖고 있지 않는 경우에 대한 초기 접속 유형을 나타낸다. 아래에서 각 유형을 정의하고 유형별로 다른 점을 설명한다(EPS 세션 설정 절차는 공통이므로 생략한다). 단말기가 현재 접속을 요청하는 MME를 New MME, 이전에 접속했던 MME를 Old MME로 부르기로 한다.

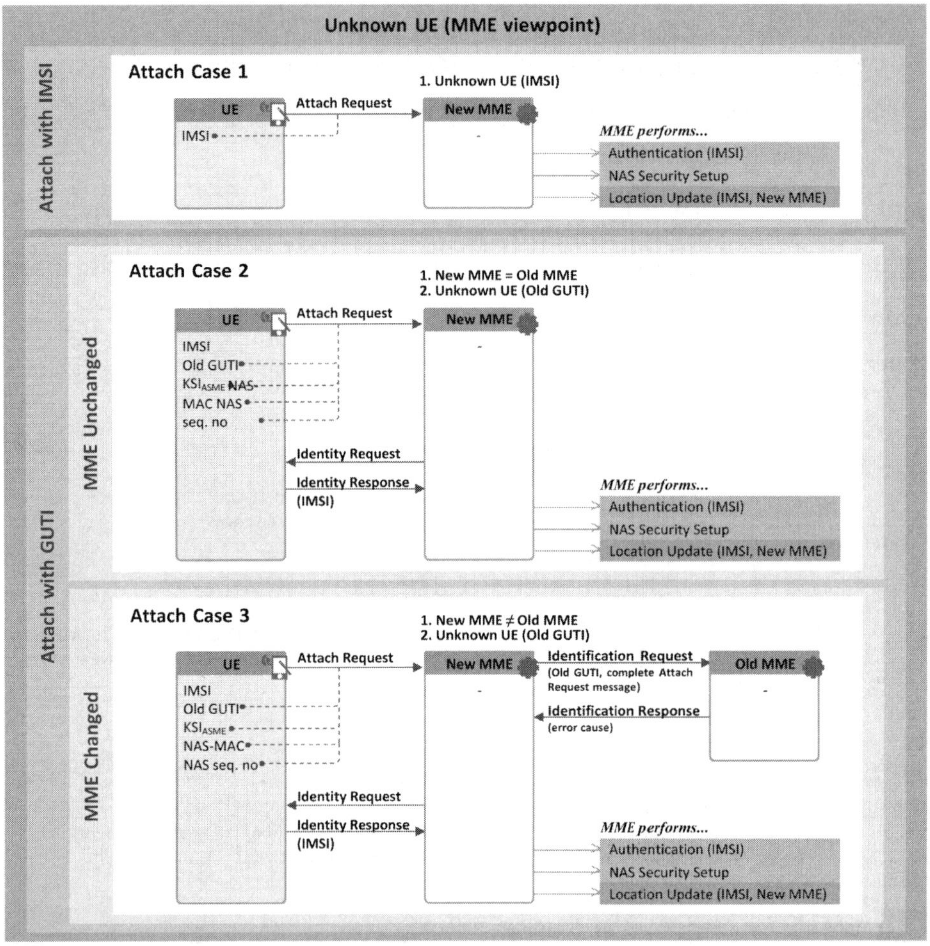

그림 4.2 Initial Attach Cases for Unknown 단말기

2.1.1 IMSI를 갖고 접속하는 단말기

사용자와 망 모두 사용자의 이전 접속 정보가 없는 경우로 2편에서 설명할 EMM Case 1은 여기에 해당한다. 시나리오는 다음과 같다.

1) 단말기는 단말기 ID를 IMSI로 하여 MME로 Attach Request 메시지를 전송하고 MME는 Attach Request 메시지로부터 IMSI를 획득한다.
2) MME는 모르는 단말기이므로(UE가 IMSI를 전송했으므로) 인증 및 NAS Security Setup을 수행한다.
3) MME는 HSS로 위치 등록을 수행한다. 즉, HSS에게 사용자가 자신에게 등록했음을 알리고 HSS로부터 사용자의 가입자 정보를 다운로드 받는다.

2.1.2 이전에 접속했던 MME로 접속하는 단말기

단말기는 이전에 망에서 detach된 후에도 "이전 망 접속 정보(Old GUTI, NAS Security Context6)"를 갖고 있고 같은 MME로 다시 접속했는데, MME는 단말기 정보를 갖고 있지 않은 경우이다. 시나리오는 다음과 같다.

1) UE는 New MME로 Old GUTI를 사용하여 Attach Request 메시지를 전송한다. 이 Attach Request 메시지는 NAS 무결성 키(KNASint)에 의해 무결성 보호되어(NAS-MAC을 포함하여) 전송된다.
2) GUTI는 MME ID인 GUMMEI를 포함하므로, New MME는 Old GUTI를 보고 자신이 할당했던 GUTI 임을 안다. New MME는 Old GUTI를 찾아보았으나 Old GUTI에 대한 "이전 사용자 접속 정보"가 없다.
3) MME는 UE에게 Identity Request 메시지를 전송하여 IMSI를 요청한다.
4) UE는 Identity Response 메시지를 통해 MME에게 IMSI를 전달한다.
5) 이제 MME는 이 IMSI를 이용하여 Attach Case 1에서처럼 인증 및 NAS Security Setup을 수행하고 위치 등록을 수행한다.

2.1.3 이전에 접속했던 MME가 아닌 다른 MME로 접속하는 단말기

단말기는 이전에 망에서 detach된 후에도 "이전 망 접속 정보"를 갖고 있고 이전과 다른 MME(New MME)로 접속했는데, 이전 MME(Old MME)에 단말기 정보가 없는 경우이다. 시나리오는 다음과 같다.

1) 단말기는 New MME로 Old GUTI를 사용하여 Attach Request 메시지를 전송한다. 이 Attach Request 메시지는 무결성 보호되어 전송된다.
2) New MME가 Old GUTI를 수신하고 보니 다른 MME(Old MME)가 할당했던 GUTI이다.
3) New MME는 Old MME에게 Old GUTI와 Attach Request 메시지를 포함하는 Identification Request (Old GUTI, Complete Attach Request Message) 메시지를 전송하여 Old GUTI에 대한 "이전 사용자 접속 정보"를 요청한다.
4) 이를 수신한 Old MME는 해당 사용자 정보를 찾아보았으나 없다(이러면 IMSI도 없다).
5) Old MME는 New MME에게 Identification Response(error cause) 메시지를 통해 사용자 정보가 없음을 알린다.

여기까지 오면 Attach Case 2와 상황이 같아지고 이후 절차는 Attach Case 2에서 3), 4), 5)와 같다. New MME는 단말기에게 Identity Request 메시지를 전송하여 IMSI를 요청하고 이를 수신한 UE는

Identity Response 메시지를 통해 MME에게 IMSI를 전달한다. MME는 이 IMSI를 이용하여 인증 및 NAS Security Setup을 수행하고 위치 등록을 수행한다.

2.2 Known 단말기

그림 4.3은 사용자(UE)가 Attach Request 메시지를 전송하여 망에 접속을 요청하였을 때 망(MME)이 사용자에 대한 정보를 갖고 있는 경우에 대한 초기 접속 유형을 나타낸다. Unknown 단말기의 경우와는 달리 Known UE의 경우에는 단말기가 IMSI를 사용하여 접속하는 경우는 없다고 가정한다. 그림 4.3에서 단말기와 MME는 사용자의 이전접속 정보를 가지고 있고, 단말기는 Attach Request 메시지를 무결성 보호하여 전송한다.

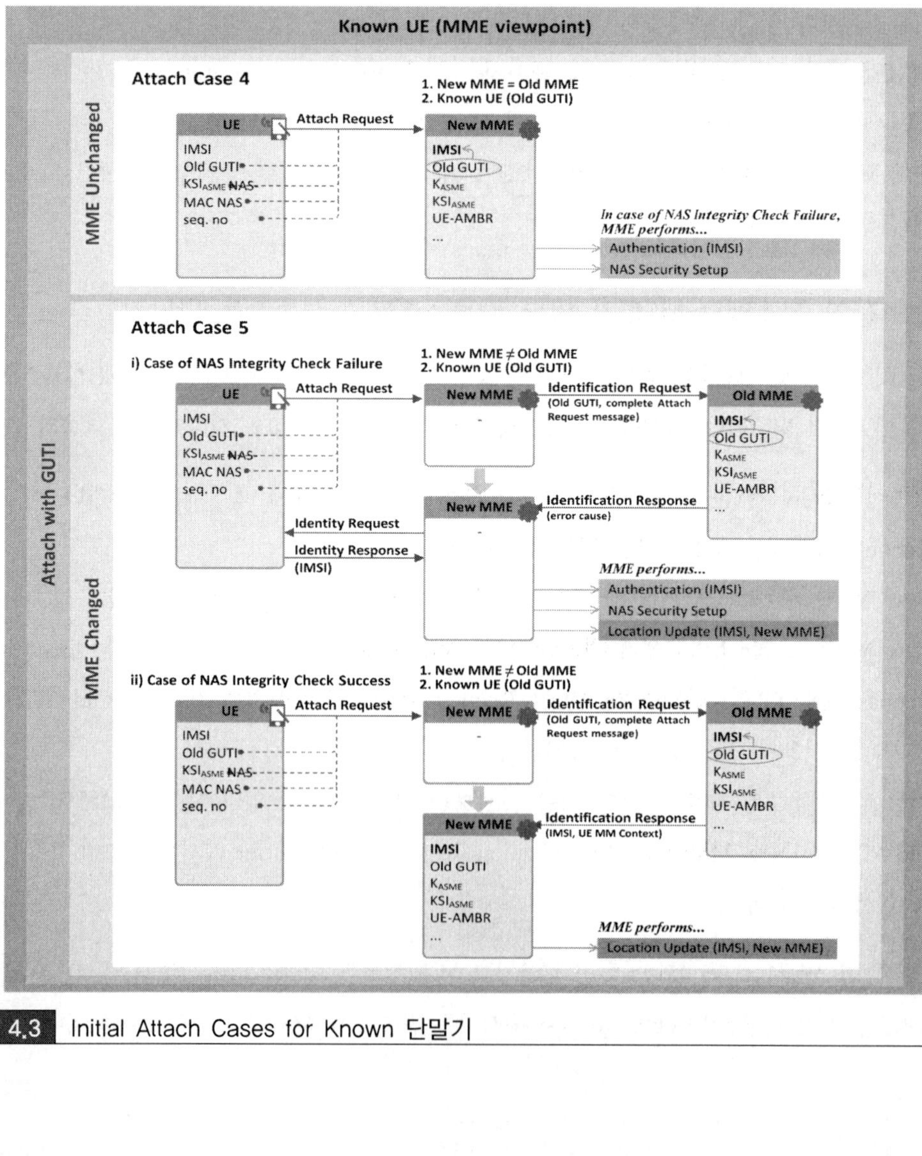

그림 4.3 Initial Attach Cases for Known 단말기

2.2.1 이전에 접속했던 MME로 접속하는 단말기

(New MME = Old MME)와 "이전 사용자 접속 정보" 갖고 있는 MME 단말기는 "이전 망 접속 정보(Old GUTI, NAS Security Context)"를 갖고 있고 같은 MME로 다시 접속했는데, MME가 단말기 정보를 갖고 있는 경우이다. 시나리오는 다음과 같다.

1) 단말기는 New MME로 Old GUTI를 사용하여 Attach Request 메시지를 전송한다. 이 Attach Request 메시지는 NAS 무결성 키(KNASint)에 의해 무결성 보호되어(NAS-MAC을 포함하여) 전송된다.
2) New MME는 Old GUTI를 보고 자신이 할당했던 GUTI임을 안다. Old GUTI를 찾아보니 해당 사용자의 "이전 사용자 접속 정보(IMSI, MM Context(NAS Security Context, UE-AMBR))"가 있다.
3) MME는 Attach Request 메시지에 대한 무결성 검증을 한다.
   i) NAS-MAC에 대한 무결성 검증이 실패하면, MME는 IMSI를 이용하여 가입자 인증을 하고 단말기와 NAS Security Setup을 수행해야 한다.
   ii) NAS-MAC에 대한 무결성 검증이 성공하면, MME는 가입자 인증 및 NAS Security Setup을 생략할 수 있다.

2.2.2 이전에 접속했던 MME가 아닌 다른 MME로 접속하는 단말기

단말기는 "이전 망 접속 정보"를 갖고 있고 다른 MME(New MME)로 접속했는데, 이전 MME(Old MME)에 UE정보가 있는 경우이다. 시나리오는 다음과 같다.

1) 단말기는 New MME로 Old GUTI를 사용하여 Attach Request 메시지를 전송한다. 이 Attach Request 메시지는 무결성 보호되어 전송된다.
2) New MME가 Old GUTI를 수신하고 보니 다른 MME(Old MME)가 할당했던 GUTI이다.
3) New MME는 Old MME에게 Old GUTI와 Attach Request 메시지를 포함하는 Identification Request (Old GUTI, Complete Attach Request Message) 메시지를 전송하여 Old GUTI의 "이전 사용자 접속 정 보"를 요청한다.
4) 이를 수신한 Old MME는 해당 사용자 정보를 찾아본다. Old GUTI를 찾아보니 해당 사용자의 IMSI와 MM Context(NAS Security Context, 단말기-AMBR)가 있다.
5) Old MME는 Attach Request 메시지에 대한 무결성 검증을 한다.
6) Old MME는 New MME에게 Identification Response 메시지를 통해 무결성 검증 결과를 전달한다.

i) 무결성 검증이 실패한 경우 error cause를 전달한다.

ii) 무결성 검증이 성공한 경우 사용자 정보(IMSI, Old GUTI와 MM Context)를 전달한다.

무결성 검증이 실패한 경우 Attach Case 3과 상황이 같아지고 이후 IMSI 획득, 가입자 인증 및 NAS Security Setup 절차는 Attach Case 3과 같다. 무결성 검증이 성공한 경우 New MME는 Old MME로부터 IMSI와 MM Context를 수신하고, Attach Case 4에서 무결성 검증이 성공한 경우처럼 가입자 인증 및 NAS Security Setup 을 생략할 수 있다. Attach Case 4와 다른 점은 UE가 새로운 MME로 접속하였으므로 New MME는 HSS와 통 신하여 위치 등록을 수행한다.

3. 초기 접속 유형별로 망 접속 절차

이 장에서는 II장에서 설명했던 초기 접속 유형별로 망 접속 절차의 호 흐름을 기능 단위로 간단히 기술한다. 그림 4.4는 UE가 어떤 단말기 ID로 초기 접속을 시도하는가를 기준으로 초기 접속 유형별 호 흐름을 보여준다. Known 단말기의 경우 NAS-MAC 무결성 검증이 성공한 경우만을 나타내었다. 망 접속 절차를 구성하는 기능 단위는 다음과 같다:

▸ **단말기 ID 획득**(UE ID Acquisition)

망(MME)은 가입자 식별 및 인증을 위한 단말기 ID를 획득한다. 단말기 ID로는 IMSI와 Old GUTI가 있다. IMSI 는 Attach Request 또는 Identity Response 메시지를 통하여 UE로부터 얻는다. Old GUTI는 Attach Request 메시지를 통하여 UE로부터 얻거나 Identification Response 메시지를 통하여 Old MME로부터 얻는다.

▸ **가입자 인증**(Authentication)

망이 Attach Request 메시지를 수신하여 4) 단말기 ID로 IMSI를 획득하였거나, 5) 단말기 ID로 Old GUTI를 획득하였으나 메시지 무결성 검증에 실패한 경우, 망은 EPS-AKA 절차에 따라 망 접속이 허용된 가입자인지 확인한다. HSS는 인증 벡터를 생성하여 MME에게 전송함으로써 MME 베이스 키인 KASME를 전달하고, MME는 HSS를 대신하여 UE와 상호인증을 수행한다[7].

▸ **NAS 보안 키 설정**(NAS Security Setup)

가입자 인증을 마쳤으면, UE와 MME간 NAS 메시지를 안전하게 전송하기 위한 NAS Security 키를 생성한다[8].

▸ **위치 등록**(Location Update)

MME는 HSS로부터 사용자 가입정보를 다운로드 받고 HSS는 사용자가 위치한 MME 정보를 갱신한다. MME가 위치 등록을 수행하는 경우는, 7) UE가 attach 하는 MME가 최근에 detach했던 MME와 다른 MME이거나, 8) MME에 유효한 가입 정보가 없거나, 9) UE가 UE ID로 IMSI를 전달하거나, 10) MME에 유효한 "이전 사용자 접속 정보(UE Context)"가 없는 경우이다.

- **EPS 세션 설정**(EPS Session Establishment)

  EPS 세션 및 Default EPS 베어러를 생성한다.

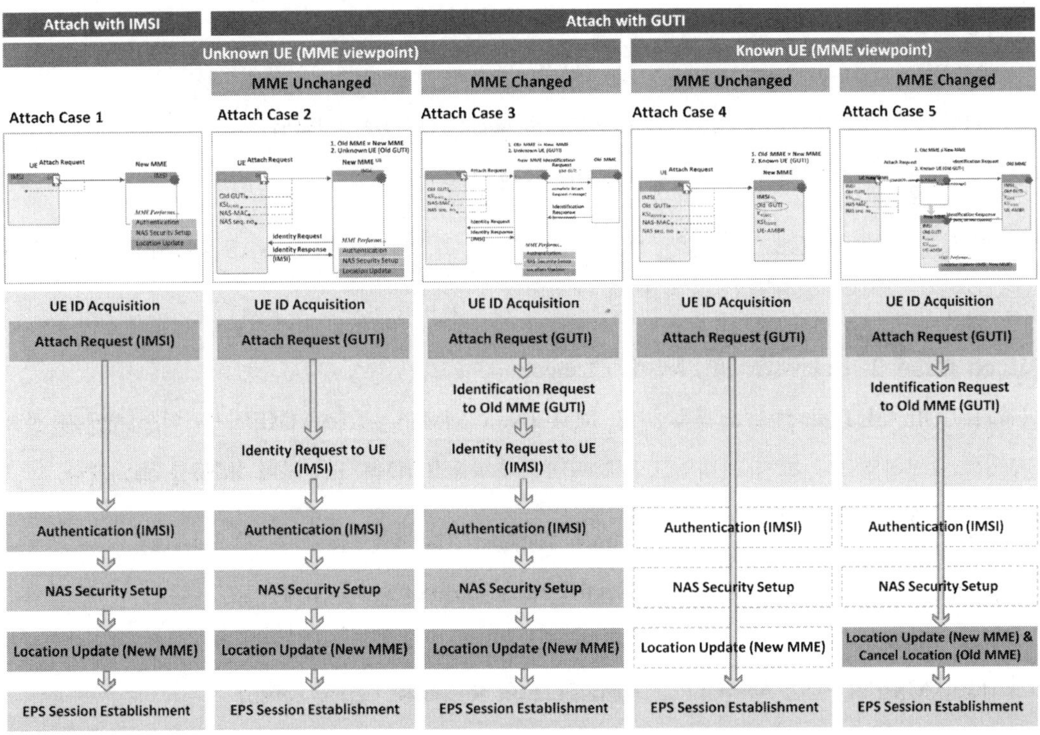

그림 4.4 Simplified Call Flows of Cases of Initial Attach

3.1 Initial Attach with IMSI

Attach Case 1: Unknown 단말기

단말기는 IMSI로 접속 요청을 하고, MME는 Attach Request 메시지로부터 사용자 IMSI를 획득한다.

- [단말기 → MME] Attach Request (IMSI)

단말기가 IMSI로 접속을 요청한 경우 MME는 가입자 인증, NAS Security Setup, 위치 등록을 수행하고, EPS 세션/Default EPS 베어러를 설정한다.

3.2 Initial Attach with GUTI

Attach Case 2: Unknown UE, MME Unchanged

단말기는 Old GUTI로 접속 요청을 하고, MME는 Old GUTI가 없으므로 단말기에게 단말기 ID를 요청하여 IMSI를 획득한다.

- [단말기 → MME] **Attach Request** (Old GUTI)
- [MME] No IMSI
- [단말기 ← MME] **Identity Request** (UE ID = IMSI)
- [단말기 → MME] **Identity Response (IMSI)**

나머지 절차는 Attach Case 1과 같은 순서로 처리된다. 즉, 가입자 인증, NAS Security Setup, 위치 등록을 수행하고, EPS 세션/Default EPS 베어러를 설정한다.

Attach Case 3: Unknown UE, MME Changed

단말기는 Old GUTI로 접속 요청을 하고, MME(New MME)는 Old MME에게 "이전 사용자 접속 정보"를 요청하였으나 받지 못하였으므로 단말기에게 UE ID를 요청하여 IMSI를 획득한다.

- [단말기 → New MME] **Attach Request** (Old GUTI)
- [New MME → Old MME] **Identification Request** (Old GUTI)
- [Old MME] No IMSI
- [New MME ← Old MME] **Identification Response** (error cause)
- [단말기 ← New MME] **Identity Request** (단말기 ID = IMSI)
- [단말기 → New MME] **Identity Response (IMSI)**

나머지 절차는 Attach Case 1과 같은 순서로 처리된다. 즉, 가입자 인증, NAS Security Setup, 위치 등록을 수행하고, EPS 세션/Default EPS 베어러를 설정한다.

Attach Case 4: Known UE, MME Unchanged

단말기는 Old GUTI로 접속 요청을 하고, MME는 Old GUTI에 해당하는 "이전 사용자 접속 정보"를 갖고 있으므로 별도의 IMSI 획득 절차가 필요 없다.

- [단말기 → MME] **Attach Request** (Old GUTI)
- [MME] **IMSI**, Old GUTI, MM Context

MME는 NAS-MAC에 대한 무결성 검증이 성공하면 가입자 인증, NAS Security Setup 및 위치 등록을 수행하지 않고 바로 EPS 세션/Default EPS 베어러를 설정할 수 있다[9].

Attach Case 5: Known UE, MME Changed
단말기는 Old GUTI로 접속 요청을 하고, MME(New MME)는 Old MME에게 "이전 사용자 접속 정보"를 요청하여 IMSI와 MM Context를 획득한다.

- [단말기 → New MME] **Attach Request** (Old GUTI)
- [New MME → Old MME] **Identification Request** (Old GUTI)
- [Old MME] **IMSI**, Old GUTI, MM Context
- [New MME ← Old MME] **Identification Response** (**IMSI**, Old GUTI, MM Context)

Old MME가 NAS-MAC에 대한 무결성 검증에 성공하면 New MME는 IMSI와 MM Context 정보를 수신하여 가입자 인증 및 NAS Security Setup을 수행하지 않으나, MME가 바뀌었으므로 HSS와 통신하여 위치 등록을 수행하고, 이어서 EPS 세션/Default EPS 베어러를 설정한다. HSS는 사용자의 위치를 Old MME에서 New MME로 갱신하고 Old MME에게 해당 사용자의 MM Context를 해제하도록 Cancel Location 메시지를 보낸다.

제 5 장

LTE 네트워크 구조

1. LTE 네트워크 모델

LTE 네트워크 모델은 LTE 엔터티들과 EPC 엔터티들로 구성된다. 그림 5.1에서 LTE 엔터티는 UE와 eNB이고 EPC 엔터티로는 S-GW, P-GW, MME, HSS, PCRF, SPR, OCS 및 OFCS가 해당한다. PDN은 사업자 외부 또는 내부 IP 망으로 인터넷이나 IMS와 같은 서비스 기능을 제공한다. 아래에서 [표 5.1]은 LTE 엔터티들의 기능을 [표 5.2]는 EPC 엔터티들의 기능을 나타낸다. [표 5.3]은 LTE 네트워크 참조 모델의 참조점을 나타낸 것으로 엔터티 간 인터페이스를 설명한다.

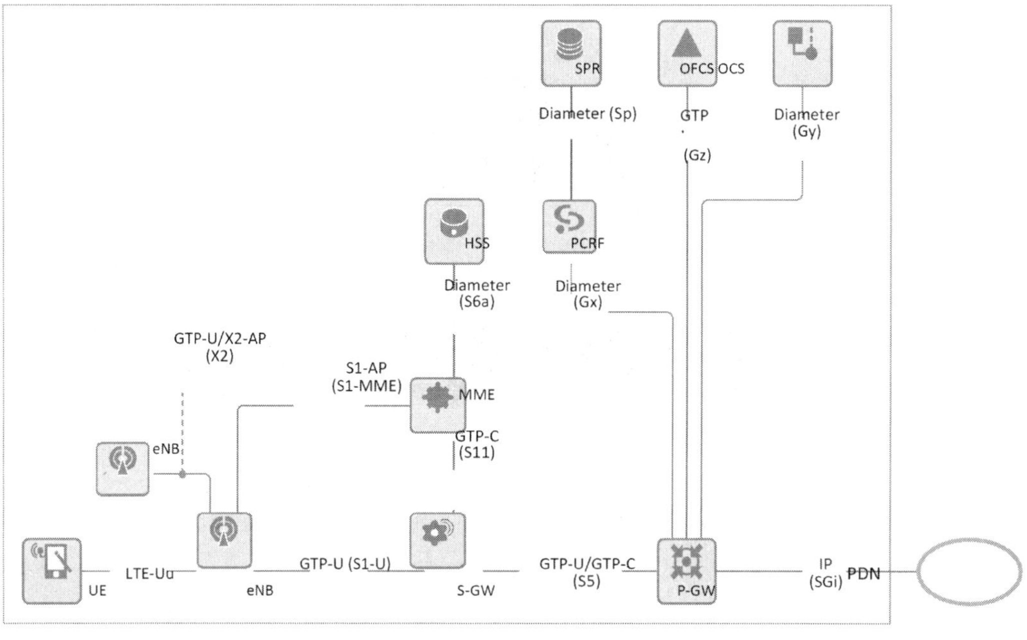

그림 5.1 LTE 네트워크 구조도

[표 5.1] LTE 엔터티

엔터티명	설명
UE	LTE-Uu 무선 인터페이스를 통하여 eNB와 접속한다.
eNB	사용자에게 무선 인터페이스를 제공한다. 무선 베어러 제어, 무선 수락 제어, 동적 무선 자원 할당, load balancing 및 셀 간 간섭제어(ICIC)와 같은 무선 자원 관리(RRM) 기능을 제공한다.

[표 5.2] EPC 엔터티

엔터티명	설명
MME	E-UTRAN 제어 평면 엔터티로, 사용자 인증과 사용자 프로파일 다운로드를 위하여 HSS와 통신하고, NAS 시그널링을 통해 UE에게 EPS 이동성 관리(EMM) 및 EPS Session 관리(ESM) 기능을 제공한다(EMM 및 ESM 기능은 다른 문서에서 다룬다). 주요 기능은 다음과 같다. • NAS 시그널링(EMM, ESM, 보안) • HSS와 S6a 인터페이스를 통해 사용자 인증 및 로밍 기능 제공 • ECM 및 EMM 상태 관리 • EPS 베어러 관리
S-GW	E-UTRAN과 EPC의 종단점이 된다. eNB 간 핸드오버 및 3GPP 시스템 간 핸드오버시 anchoring point가 된다.
P-GW	UE를 외부 PDN 망과 연결해주며 패킷 filtering을 제공한다. UE에게 IP 주소를 할당하고 3GPP와 non-3GPP 간 핸드오버시 mobility anchoring point로 동작한다. PCRF로부터 PCC 규칙을 수신하여 적용하며(Policy Enforcement) UE 당 과금 기능을 제공한다. 주요 기능은 다음과 같다. • IP 라우팅 및 forwarding • Per-SDF / Per-User 기반 패킷 filtering • UE IP 주소 할당 • 3GPP와 non-3GPP 간 Mobility anchoring • PCEF 기능 • Per-SDF/Per-User 과금
HSS	사용자 프로파일을 갖는 중앙 DB로 MME에게 사용자 인증 정보와 사용자 프로파일을 제공한다.
PCRF	정책 및 과금 제어 엔터티로 정책 제어 결정과 과금 제어 기능을 제공한다. PCRF에서 생성된 PCC 규칙은 P-GW로 전달된다.
SPR	PCRF에게 가입자 및 가입관련 정보를 제공한다. PCRF는 이를 수신하여 가입자 기반 정책을 수행하고 과금 규칙을 생성한다.
OCS	실시간 credit 제어를 제공하고 volume, time, event 기반 과금 기능을 제공한다(상세내용은 과금 기술문서 참조).
OFCS	CDR 기반 과금 정보를 제공한다(상세내용은 과금 기술문서 참조).

[표 5.3] LTE 인터페이스

참조점	프로토콜	설명
LTE-Uu	E-UTRA (제어 평면, 사용자 평면)	UE와 eNB 간 무선 인터페이스로 제어 평면 및 사용자 평면을 정의한다.
X2	X2-AP(제어 평면) GTP-U(사용자 평면)	두 eNB 간 인터페이스로 제어 평면 및 사용자 평면을 정의한다. 제어 평면에서는 X2-AP 프로토콜이 사용되며, 사용자 평면에서는 X2 핸드오버시 데이터 forwarding을 위해 베어러 당 GTP 터널링을 제공한다.
S1-U	GTP-U	eNB 와 S-GW 간 인터페이스로 사용자 평면을 정의한다. 베어러 당 GTP 터널링을 제공한다.
S1-MME	S1-AP	eNB와 MME 간 인터페이스로 제어 평면을 정의한다.
S11	GTP-C	MME와 S-GW 간 인터페이스로 제어 평면을 정의한다. 사용자 당 GTP 터널링을 제공한다.
S5	GTP-C(제어 평면) GTP-U(사용자 평면)	S-GW와 P-GW 간 인터페이스로 제어 평면 및 사용자 평면을 정의한다. 사용자 평면에서 베어러 당 GTP 터널링을 제공하고 제어 평면에서 사용자 당 GTP 터널 관리를 제공한다. Inter-PLMN 경우에는 S8 인터페이스가 사용된다. S8 인터페이스는 본 문서 범위 밖으로 인터워킹 문서에서 다룬다.
S6a	Diameter	HSS와 MME 간 인터페이스로 제어 평면을 정의한다. UE 가입 정보 및 인증 정보를 교환한다.
Sp	Diameter	SPR과 PCRF 간 인터페이스로 제어 평면을 정의한다.
Gx	Diameter	PCRF와 P-GW 간 인터페이스로 제어 평면을 정의한다. QoS 정책 및 과금 제어를 위한 인터페이스로 정책 제어 규칙 및 과금 규칙을 전달한다.
Gy	Diameter	OCS와 P-GW 간 인터페이스로 제어 평면을 정의한다.
Gz	GTP'	OFCS와 P-GW 간 인터페이스로 제어 평면을 정의한다.
SGi	IP	P-GW와 PDN 간 인터페이스로 사용자 평면과 제어 평면을 정의한다. 사용자 평면에서는 IETF 기반 IP 패킷 forwarding 프로토콜이 사용되고 제어 평면에서는 DHCP와 RADIUS/Diameter와 같은 프로토콜이 사용된다.

2. LTE 프로토콜 스택

본장에서 정의한 EPS 엔터티와 인터페이스를 기반으로 2장에서는 사용자 평면과 제어 평면에서 LTE 프로토콜 스택을 기술한다.

2.1 사용자 평면 프로토콜 스택

그림 5.2는 LTE 네트워크 참조 모델에 대해 사용자 평면의 프로토콜 스택을 나타낸다. 인터페이스 별로 주요 계층 기능을 간단히 기술한다.

2.1.1 LTE-Uu 인터페이스

- PDCP: IP 패킷이 무선링크를 통하여 효율적으로 전송될 수 있도록 한다. 헤더 압축, AS 보안(ciphering 및 integrity protection)을 수행하고 핸드오버 동안 패킷 re-ordering 및 재전송을 처리한다.
- RLC: PDCP에서 수신한 패킷을 무선링크를 통해 전송하기 위하여 분할하고 무선링크를 통해 수신한 패킷을 PDCP로 전송하기 위하여 재결합한다. 패킷 re-ordering 및 재전송을 처리한다.
- MAC: 무선 자원을 UE들에게 동적으로 할당하고, 각 무선 베어러 별로 협상된 QoS를 보장받을 수 있도록 QoS 제어 기능을 수행한다. 물리 계층으로 전송하기 위하여 무선 베어러들을 다중화한다.

2.1.2 S1-U 인터페이스/S5 인터페이스/X2 인터페이스

- GTP-U: S1-U, S5 및 X2 인터페이스 상에서 사용자 IP 패킷을 전송하기 위하여 사용된다[1]. GTP-U 터널이 핸드오버 forwarding 터널인 경우에는 End Marker를 삽입할 수 있다.

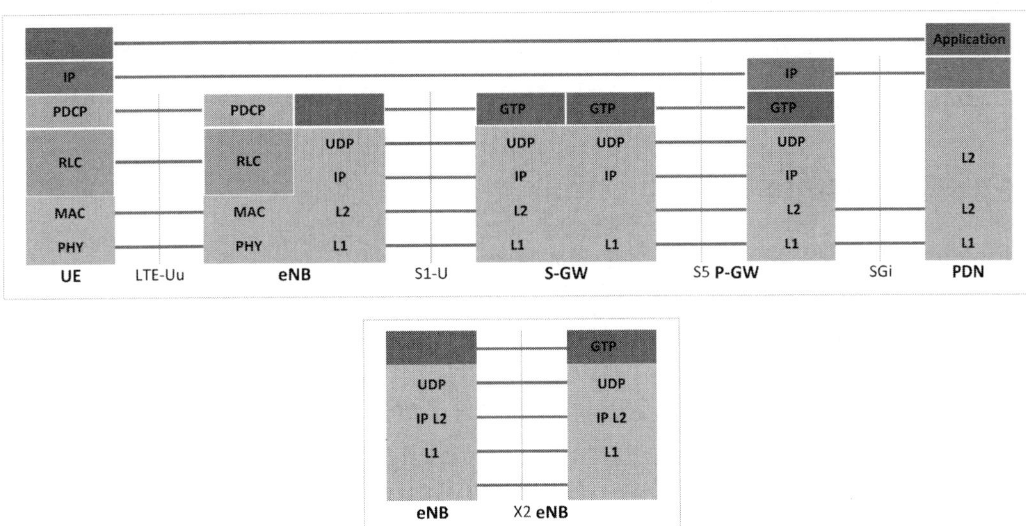

그림 5.2 LTE 프로토콜 스택 사용자 평면

2.2 제어 평면 프로토콜 스택

그림 5.3은 LTE 네트워크 참조 모델에 대해 제어 평면의 프로토콜 스택을 보여준다. 인터페이스 별로 주요 계층 기능을 간단히 기술한다.

2.2.1 LTE-Uu 인터페이스

- NAS: 이동성 관리 기능과 베어러 제어 기능을 수행한다.
- RRC: E-UTRAN 무선 시그널링 연결에 대한 제어를 수행한다.

2.2.2 X2 인터페이스

- X2-AP: E-UTRAN 내에서 UE mobility를 다루는 기능으로 사용자 데이터 forwarding, SN 상태 전달, UE context 해제 기능을 제공한다. eNB 간에 자원 상태 정보, 트래픽 로드 정보 및 eNB 구성 update 정보를 교환하고 mobility 파라미터 설정을 위해 협력한다.

2.2.3 S1-MME 인터페이스

- S1-AP: EPS 베어러 설정시 초기 UE context를 전달한다. 이 후 mobility, paging 및 UE context 해제 기능을 수행한다.

2.2.4 S11 인터페이스/ S5 인터페이스/ S10 인터페이스

- GTP-C: GTP 터널을 생성, 유지 및 삭제하기 위한 제어 정보를 교환한다. LTE 간 핸드오버시에는 데이터 forwarding 터널을 생성한다.

2.2.5 S6a 인터페이스

- Diameter: 가입 및 가입자 인증을 위한 정보 교환을 지원한다.

2.2.6 Gx 인터페이스

- Diameter: PCRF로부터 PCEF(P-GW)로의 PCC 규칙 전달을 지원한다.

2.2.7 Gy 인터페이스

- Diameter: P-GW와 OCS 간 실시간 credit 제어 정보 교환을 지원한다.

2.2.8 Gz 인터페이스

• GTP': P-GW로부터 OFCS로 CDR 전송을 지원한다.

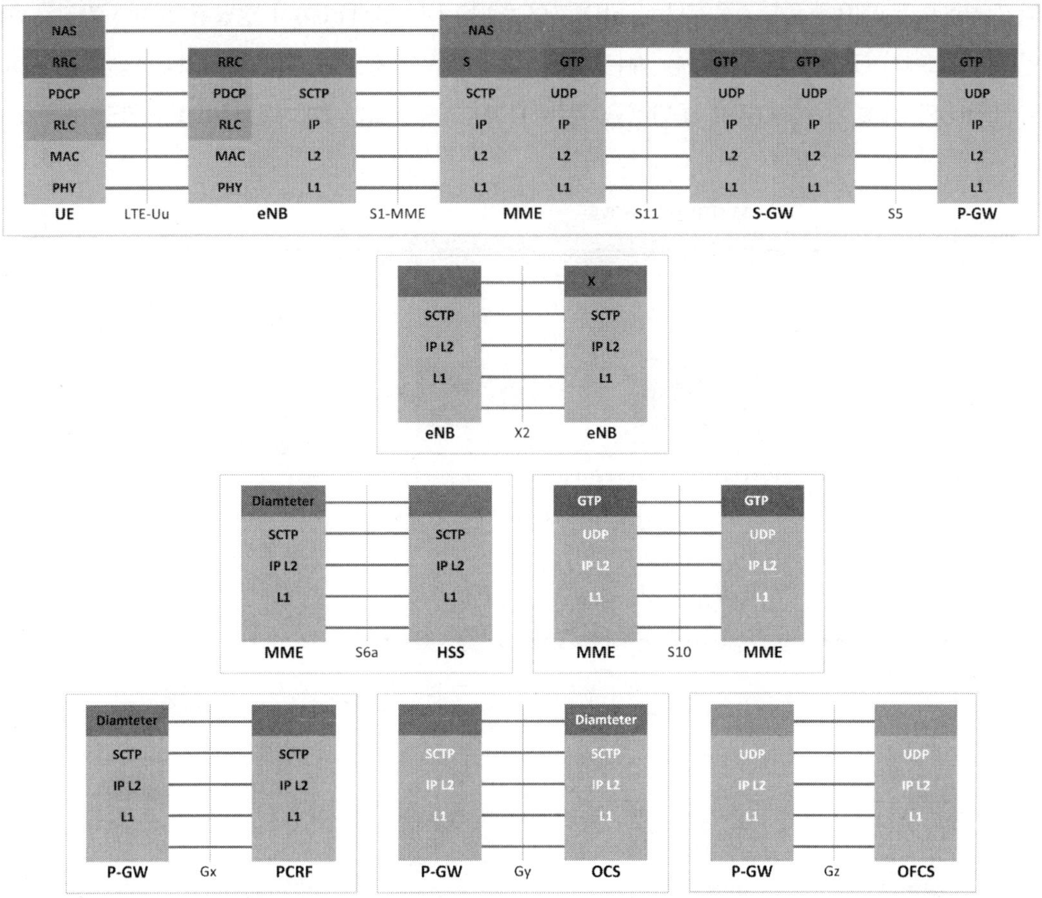

그림 5.3 LTE 프로토콜 스택: 제어 평면

3. LTE 네트워크 트래픽 흐름

그림 5.4는 LTE 네트워크 참조 모델의 사용자 평면에서 인터넷 트래픽 흐름을 나타낸다. (a)는 UE로부터 인터넷으로의 트래픽 흐름을 (b)는 인터넷에서 UE로의 트래픽 흐름을 나타낸다. IP 패킷은 S1-U 및 S5 인터페이스 상에서 각각 GTP 터널을 통하여 전송된다. 이들 GTP 터널은 UE가 LTE망에 초기 접속시 제어 시그널 링을 통해 EPS 베어러 별로 설정된다.

하나의 S1-U 및 S5 인터페이스 상에는 여러 EPS 베어러가 설정되므로 이들을 구별하기 위하여 각 GTP 터널 설정시 상향 및 하향으로 터널 종단점 식별자(TEID)가 할당된다. S1-U 인터페이스에서 GTP 터널이 설정될 때는 상향으로 S-GW에 종단점을 갖는 TEID(그림 5.4(a) UL S1-TEID)가 할당되고 하향으로 eNB에 종단점을 갖는 TEID(그림 5.4(b) DL S1-TEID)가 할당된다. 마찬가지로 S5 인터페이스에서 GTP 터널이 설정될 때는 상향으로 P-GW에 종단점을 갖는 TEID(그림 5.4(a) UL S5-TEID)와 하향으로 S-GW에 종단점을 갖는 TEID(그림 5.4(b) DL S5-TEID)가 할당된다.

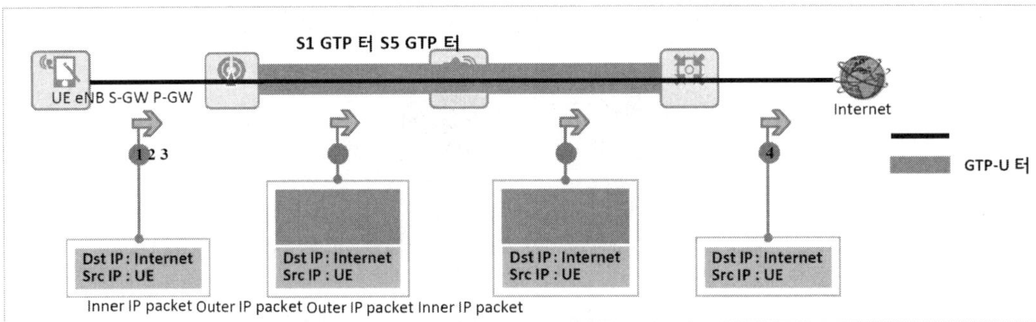

(a) 단말기에서 인터넷으로

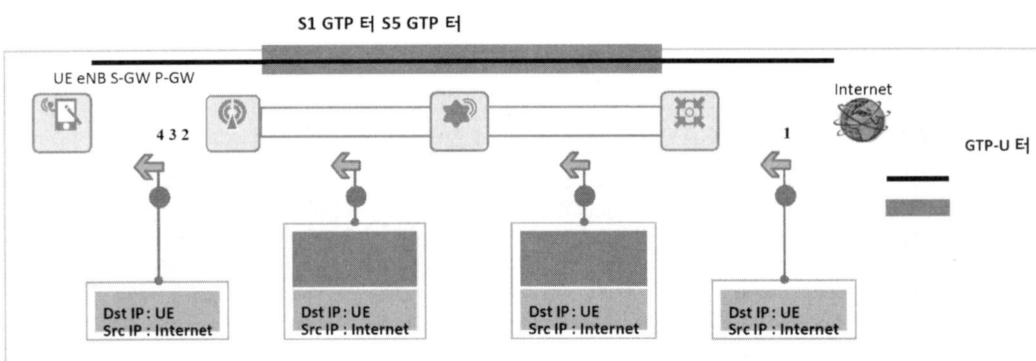

(b) 인터넷에서 단말기로

그림 5.4 LTE 네트워크 트래픽 흐름

사용자 IP 패킷이 S1-U와 S5 인터페이스 상에서 GTP 터널을 통해 전송될 때 eNB, S-GW 및 P-GW는 GTP 패킷 헤더에 GTP 터널 생성시 할당 받은 TEID를 삽입하여 전송한다. S-GW는 상향에서 S1-GTP 터널을 종단하고 사용자 IP 패킷을 S5-GTP 터널로 전송하기 위하여 UL S1-TEID와 UL S5-TEID 간 맵핑 정보를 갖고 있어야 한다. 마찬가지로 하향에서는 DL S5-TEID와 DL S1-TEID 간 맵핑 정보를 갖고 있어야 한다. 그림 5.4에서 각 엔터티가 상향 및 하향 인터넷 트래픽 흐름을 처리하는 과정을 다음과 같다.

3.1 상향 트래픽 흐름(단말기에서 인터넷으로)

① 단말기는 발생한 IP 패킷을 LTE-Uu를 통하여 eNB로 전송한다.

② eNB는 S-GW IP 주소를 목적지 주소로 하고 eNB IP 주소를 소스 주소로 하고 UL S1-TEID를 TEID로 하여 S1 GTP 헤더를 구성한 후 수신한 사용자 IP 패킷에 추가하여 S1 GTP 터널을 통하여 S-GW로 전송한다.

③ S-GW는 S1 GTP 터널을 통하여 사용자 IP 패킷을 수신한 후 P-GW IP 주소를 목적지 주소로 하고 S-GW IP 주소를 소스 주소로 하고 UL S5-TEID를 TEID로 하여 S5 GTP 헤더를 구성한다. 이를 사용자 IP 패킷에 추가하여 S5 GTP 터널을 통하여 P-GW로 전송한다.

④ P-GW는 S5 GTP 헤더를 제거한 후 사용자 IP 패킷을 얻고 IP 라우팅을 통하여 인터넷으로 전송한다.

3.2 하향 트래픽 흐름(인터넷에서 단말기로)

① P-GW는 인터넷으로부터 UE로 향하는 IP 패킷을 수신한다.

② P-GW는 S-GW IP 주소를 목적지 주소로 하고 P-GW IP 주소를 소스 주소로 하고 DL S5-TEID를 TEID로 하여 S5 GTP 헤더를 구성한 후 사용자 IP 패킷에 추가하여 S5 GTP 터널을 통하여 S-GW로 전송한다.

③ S-GW는 S5 GTP 터널을 통하여 IP 패킷을 수신한 후 eNB IP 주소를 목적지 주소로 하고 S-GW IP 주소를 소스 주소로 하고 DL S1-TEID를 TEID로 하여 S1 GTP 헤더를 구성한다. 이를 IP 패킷에 추가하여 S1 GTP 터널을 통하여 eNB로 전송한다.

④ eNB는 S1 GTP 헤더를 제거한 후 IP 패킷을 얻고 무선링크 상의 베어러인 데이터 무선 베어러(DRB)를 통하여 단말기에게 전송한다.

제 6 장

차세대 IoT 네트워크 시스템

1. EMM(EPS Mobility Management) 개요

사용자가 단말기로 LTE망에 처음으로 접속하는 사용자에 대한 초기 접속 절차를 여러 초기 접속 형태를 구분하고 초기 접속 절차를 구성하는 기능 단위를 구별하여, 초기 접속 형태별로 다른 초기 접속 절차를 설명한다.

1.1 시스템 접속

사용자(단말기)가 망에 접속할 때 MME에서 접속 절차가 진행되는 유형을 살펴보고자 한다. 접속 절차 첫 단 계는 사용자가 망에 접속 요청을 함으로써 이루어지는데, 성공적인 접속 절차를 간단히 설명하면 단말기가 MME로 접속 요청(Attach Request) 메시지를 전송함으로써 시작되고, MME가 단말기로 접속 승낙(Attach Accept) 메시지를 전송하면서 접속된다. 이 때 단말기는 MME로 Attach Request(단말기ID) 메시지를 전송하면서 자신이 누구인지 단말기 ID(IMSI 또는 Old GUTI3)를 통해 알리고, MME는 단말기로 Attach Accept(GUTI, TAI list) 메시지를 전송하면서 단말기가 IMSI 대신 사용할 ID로 GUTI를, 위치 갱신 범위로 TAI list4를 알려준다.

UE로부터 Attach Request 메시지를 수신하여 UE로 Attach Accept 메시지를 전송하기 전까지 MME는 다음과 같은 절차를 거칠 수 있다:

- 단말기 ID 획득
- 가입자 인증(Authentication)
- NAS Security Setup(NAS Security Key 설정)
- 위치 등록(Location Update)
- EPS 세션 설정

이들 절차 중 어떤 절차를 거치는가는 초기 접속 유형에 따라 달라진다. 단말기 ID 획득과 EPS 세션 설정 절차는 모든 초기 접속 유형에서 공통으로 수행된다. 나머지 절차들, 즉 가입자 인증, NAS Security Setup 및 위치등록 절차는 초기 접속 유형에 따라 선택적으로 수행되는데 11) 단말기 ID가 무엇인가(IMSI or Old GUTI)와 12) 이전 사용자 접속 정보가 망(MMEs)에 남아 있는가/없는가 등에 영향을 받는다. 이 글에서는 초기 접속 유형을 다음과 같은 기준으로 구분하기로 한다. 그림 6.1은 초기 접속 유형 구별을 위해 적용한 판단기준을 나타낸다.

- 단말기가 망 접속 요청을 어떤 단말기 ID를 사용하여 하는가(IMSI or Old GUTI)

- 단말기가 망 접속 요청을 어떤 MME로 하는가(이전5에 접속했던 MME or 이전에 접속하지 않은 MME)
- MME가 "이전 사용자 접속 정보(UE Context)"를 망으로부터 얻을 수 있는가(Yes or No)

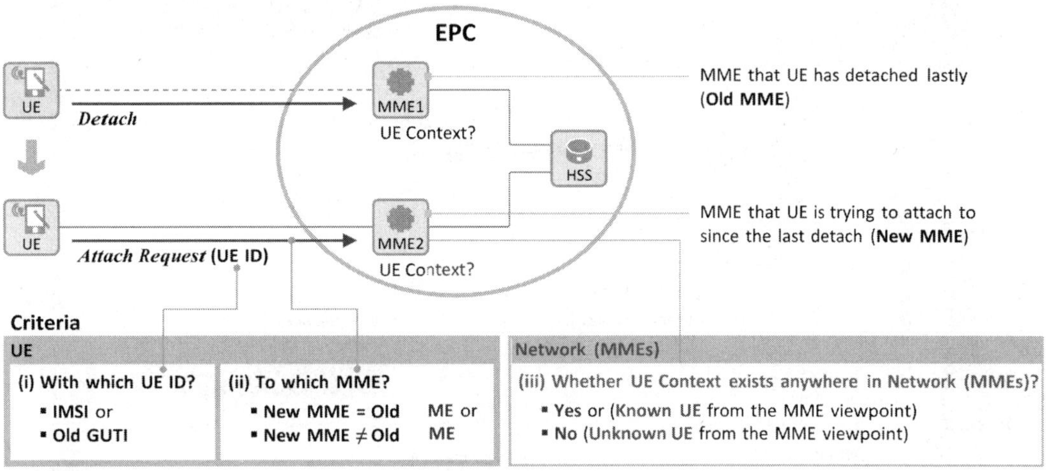

그림 6.1 Criteria for Classification of Initial Attach

망(MME)에 단말기 ID를 포함한 "이전 사용자 접속 정보"가 없는 경우에 사용자를 Unknown 단말기, 있는 경우에 사용자를 Known 단말기로 정의하고, 2.1절에서 Unknown 단말기에 대한 초기 접속 유형을 2.2절에서는 Known 단말기에 대한 초기 접속 유형을 설명한다. 단말기가 "이전 망 접속 정보"를 갖고 있는 경우 Attach Request 메시지는 무결성 보호되어 전송되는 것으로 설명한다.

2. MME 접속유형

2.1 Unknown 단말기

그림 6.2는 사용자(단말기)가 Attach Request 메시지를 전송하여 망에 접속을 요청하였을 때 망(MME)이 사용자에 대한 정보를 갖고 있지 않는 경우에 대한 초기 접속 유형을 나타낸다. 아래에서 각 유형을 정의하고 유형별로 다른 점을 설명한다(EPS 세션 설정 절차는 공통이므로 생략한다). UE가 현재 접속을 요청하는 MME를 New MME, 이전에 접속했던 MME를 Old MME로 부르기로 한다.

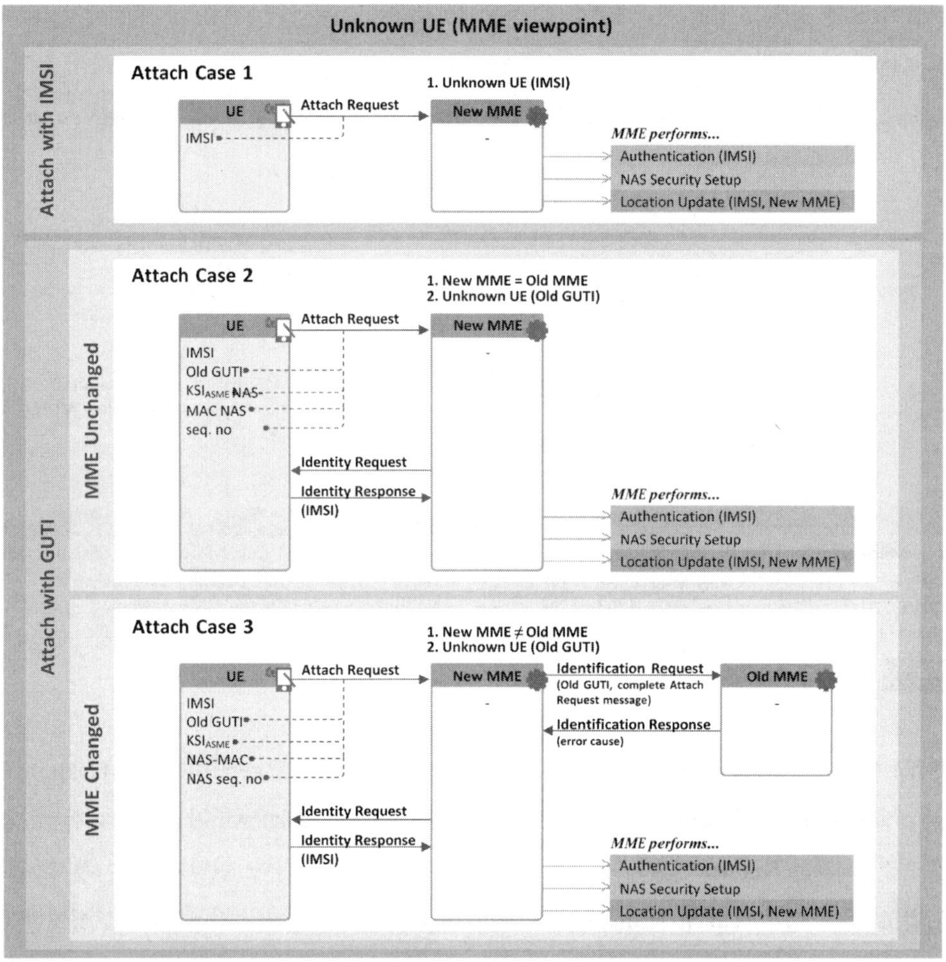

그림 6.2 Initial Attach Cases for Unknown 단말기

Attach Case 1: IMSI를 갖고 접속하는 단말기

사용자와 망 모두 사용자의 이전 접속 정보가 없는 경우로 2편에서 설명할 EMM Case 1은 여기에 해당한다. 시나리오는 다음과 같다.

1) 단말기는 단말기 ID를 IMSI로 하여 MME로 Attach Request 메시지를 전송하고 MME는 Attach Request 메시지로부터 IMSI를 획득한다.
2) MME는 모르는 단말기이므로(단말기가 IMSI를 전송했으므로) 인증 및 NAS Security Setup을 수행한다.
3) MME는 HSS로 위치 등록을 수행한다. 즉, HSS에게 사용자가 자신에게 등록했음을 알리고 HSS로부터 사용자의 가입자 정보를 다운로드 받는다.

Attach Case 2: 이전에 접속했던 MME로 접속하는 단말기(New MME = Old MME)와 "이전 사용자 접속 정보"가 없는 MME 단말기는 이전에 망에서 detach된 후에도 "이전 망 접속 정보(Old GUTI, NAS Security Context6)"를 갖고 있고 같은 MME로 다시 접속했는데, MME는 단말기 정보를 갖고 있지 않은 경우이다. 시나리오는 다음과 같다.

1) 단말기는 New MME로 Old GUTI를 사용하여 Attach Request 메시지를 전송한다. 이 Attach Request 메시지는 NAS 무결성 키(KNASint)에 의해 무결성 보호되어(NAS-MAC을 포함하여) 전송된다.
2) GUTI는 MME ID인 GUMMEI를 포함하므로, New MME는 Old GUTI를 보고 자신이 할당했던 GUTI 임을 안다. New MME는 Old GUTI를 찾아보았으나 Old GUTI에 대한 "이전 사용자 접속 정보"가 없다.
3) MME는 단말기에게 Identity Request 메시지를 전송하여 IMSI를 요청한다.
4) UE는 Identity Response 메시지를 통해 MME에게 IMSI를 전달한다.
5) 이제 MME는 이 IMSI를 이용하여 Attach Case 1에서처럼 인증 및 NAS Security Setup을 수행하고 위치 등록을 수행한다.

Attach Case 3: 이전에 접속했던 MME가 아닌 다른 MME로 접속하는 단말기(New MME ≠ Old MME)와 "이전 사용자 접속 정보"가 없는 MME 단말기는 이전에 망에서 detach된 후에도 "이전 망 접속 정보"를 갖고 있고 이전과 다른 MME(New MME)로 접 속했는데, 이전 MME(Old MME)에 단말기 정보가 없는 경우이다. 시나리오는 다음과 같다.

1) 단말기는 New MME로 Old GUTI를 사용하여 Attach Request 메시지를 전송한다. 이 Attach Request 메시지는 무결성 보호되어 전송된다.
2) New MME가 Old GUTI를 수신하고 보니 다른 MME(Old MME)가 할당했던 GUTI이다.
3) New MME는 Old MME에게 Old GUTI와 Attach Request 메시지를 포함하는 Identification Request (Old GUTI, Complete Attach Request Message) 메시지를 전송하여 Old GUTI에 대한 "이전 사용자 접 속 정보"를 요청한다.
4) 이를 수신한 Old MME는 해당 사용자 정보를 찾아보았으나 없다(이러면 IMSI도 없다).
5) Old MME는 New MME에게 Identification Response(error cause) 메시지를 통해 사용자 정보가 없음을 알린다.

여기까지 오면 Attach Case 2와 상황이 같아지고 이후 절차는 Attach Case 2에서 3), 4), 5)와 같다. New MME는 UE에게 Identity Request 메시지를 전송하여 IMSI를 요청하고 이를 수신한 UE는

Identity Response 메시지를 통해 MME에게 IMSI를 전달한다. MME는 이 IMSI를 이용하여 인증 및 NAS Security Setup을 수행 하고 위치 등록을 수행한다.

2.2 Known 단말기

그림 6.3은 사용자(UE)가 Attach Request 메시지를 전송하여 망에 접속을 요청하였을 때 망(MME)이 사용자에 대한 정보를 갖고 있는 경우에 대한 초기 접속 유형을 나타낸다. Unknown 단말기의 경우와는 달리 Known 단말기의 경우에는 단말기가 IMSI를 사용하여 접속하는 경우는 없다고 가정한다. 그림 6.3에서 단말기와 MME는 사용자의 이전 접속 정보를 가지고 있고, UE는 Attach Request 메시지를 무결성 보호하여 전송한다.

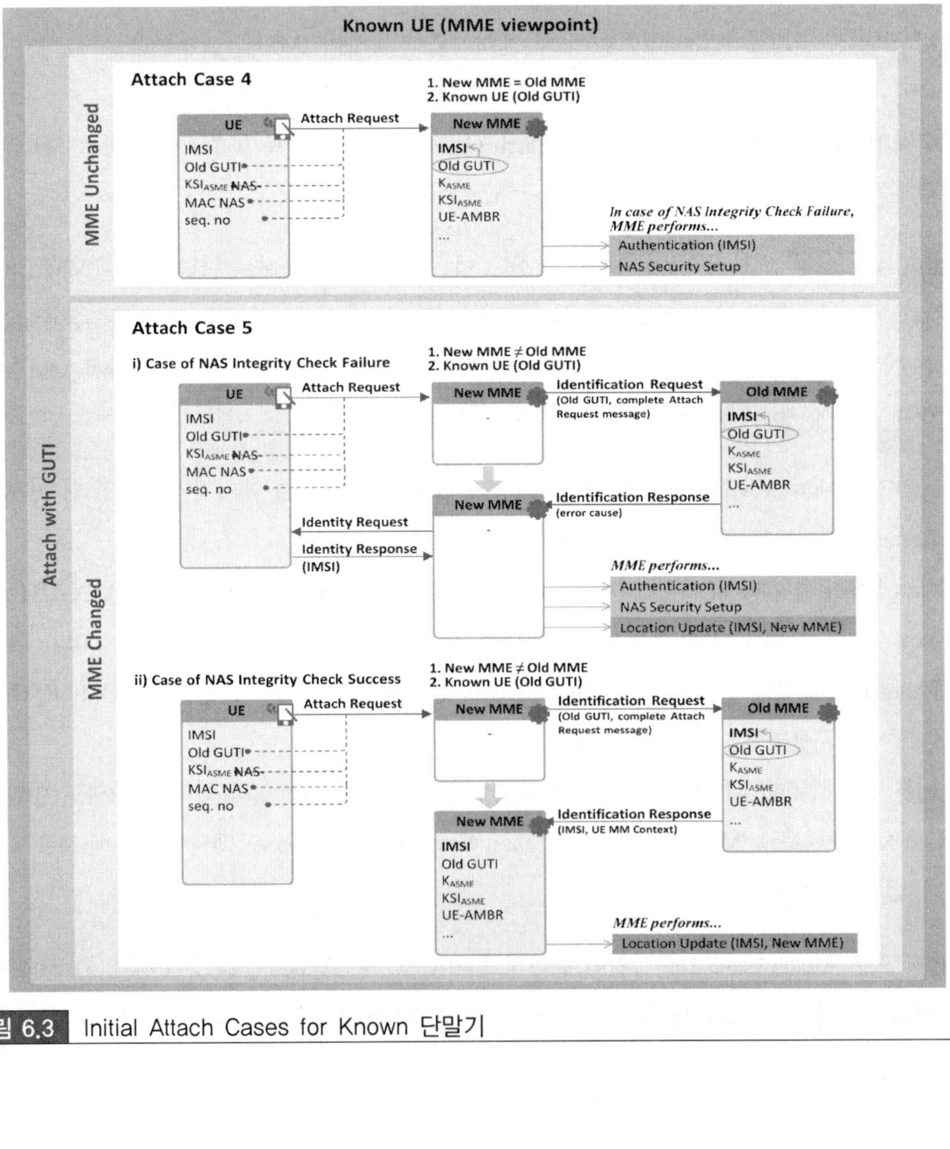

그림 6.3 Initial Attach Cases for Known 단말기

Attach Case 4: 이전에 접속했던 MME로 접속하는 UE(New MME = Old MME)와 "이전 사용자 접속 정보를 갖고 있는 MME UE는 "이전 망 접속 정보(Old GUTI, NAS Security Context)"를 갖고 있고 같은 MME로 다시 접속했는데, MME가 단말기 정보를 갖고 있는 경우이다. 시나리오는 다음과 같다.

1) 단말기는 New MME로 Old GUTI를 사용하여 Attach Request 메시지를 전송한다. 이 Attach Request 메시지는 NAS 무결성 키(KNASint)에 의해 무결성 보호되어(NAS-MAC을 포함하여) 전송된다.
2) New MME는 Old GUTI를 보고 자신이 할당했던 GUTI임을 안다. Old GUTI를 찾아보니 해당 사용자의 "이전 사용자 접속 정보(IMSI, MM Context(NAS Security Context, UE-AMBR))"가 있다.
3) MME는 Attach Request 메시지에 대한 무결성 검증을 한다.
   i) NAS-MAC에 대한 무결성 검증이 실패하면, MME는 IMSI를 이용하여 가입자 인증을 하고 UE와 NAS Security Setup을 수행해야 한다.
   ii) NAS-MAC에 대한 무결성 검증이 성공하면, MME는 가입자 인증 및 NAS Security Setup을 생략할 수 있다.

Attach Case 5: 이전에 접속했던 MME가 아닌 다른 MME로 접속하는 단말기(New MME ≠ Old MME)와 "이전 사용자 접속 정보"를 갖고 있는 MME 단말기는 "이전 망 접속 정보"를 갖고 있고 다른 MME(New MME)로 접속했는데, 이전 MME(Old MME)에 단말기 정보가 있는 경우이다. 시나리오는 다음과 같다.

1) 단말기는 New MME로 Old GUTI를 사용하여 Attach Request 메시지를 전송한다. 이 Attach Request 메시지는 무결성 보호되어 전송된다.
2) New MME가 Old GUTI를 수신하고 보니 다른 MME(Old MME)가 할당했던 GUTI이다.
3) New MME는 Old MME에게 Old GUTI와 Attach Request 메시지를 포함하는 Identification Request (Old GUTI, Complete Attach Request Message) 메시지를 전송하여 Old GUTI의 "이전 사용자 접속 정보"를 요청한다.
4) 이를 수신한 Old MME는 해당 사용자 정보를 찾아본다. Old GUTI를 찾아보니 해당 사용자의 IMSI와 MM Context(NAS Security Context, UE-AMBR)가 있다.
5) Old MME는 Attach Request 메시지에 대한 무결성 검증을 한다.
6) Old MME는 New MME에게 Identification Response 메시지를 통해 무결성 검증 결과를 전달한다.

i) 무결성 검증이 실패한 경우 error cause를 전달한다.

ii) 무결성 검증이 성공한 경우 사용자 정보(IMSI, Old GUTI와 MM Context)를 전달한다.

무결성 검증이 실패한 경우 Attach Case 3과 상황이 같아지고 이후 IMSI 획득, 가입자 인증 및 NAS Security Setup 절차는 Attach Case 3과 같다. 무결성 검증이 성공한 경우 New MME는 Old MME로부터 IMSI와 MM Context를 수신하고, Attach Case 4에서 무결성 검증이 성공한 경우처럼 가입자 인증 및 NAS Security Setup 을 생략할 수 있다. Attach Case 4와 다른 점은 UE가 새로운 MME로 접속하였으므로 New MME는 HSS와 통 신하여 위치 등록을 수행한다.

3. Simplified Call Flows of Each Case

이 장에서는 II장에서 설명했던 초기 접속 유형별로 망 접속 절차의 호 흐름을 기능 단위로 간단히 기술한다. 그림 6.4는 단말기가 어떤 UE ID로 초기 접속을 시도하는가를 기준으로 초기 접속 유형별 호 흐름을 보여준다. Known UE의 경우 NAS-MAC 무결성 검증이 성공한 경우만을 나타내었다. 망 접속 절차를 구성하는 기능 단위는 다음과 같다:

- **단말기 ID 획득** (UE ID Acquisition)

  망(MME)은 가입자 식별 및 인증을 위한 단말기 ID를 획득한다. 단말기 ID로는 IMSI와 Old GUTI가 있다. IMSI는 Attach Request 또는 Identity Response 메시지를 통하여 UE로부터 얻는다. Old GUTI는 Attach Request 메시지를 통하여 UE로부터 얻거나 Identification Response 메시지를 통하여 Old MME로부터 얻는다.

- **가입자 인증** (Authentication)

  망이 Attach Request 메시지를 수신하여 i) UE ID로 IMSI를 획득하였거나, ii) UE ID로 Old GUTI를 획득하였으나 메시지 무결성 검증에 실패한 경우, 망은 EPS-AKA 절차에 따라 망 접속이 허용된 가입자인지 확인한다. HSS는 인증 벡터를 생성하여 MME에게 전송함으로써 MME 베이스 키인 KASME를 전달하고, MME는 HSS를 대신하여 UE와 상호인증을 수행한다[7].

- **NAS 보안 키 설정** (NAS Security Setup)

  가입자 인증을 마쳤으면, 단말기와 MME간 NAS 메시지를 안전하게 전송하기 위한 NAS Security 키를 생성한다[8].

- **위치 등록** (Location Update)
  MME는 HSS로부터 사용자 가입정보를 다운로드 받고 HSS는 사용자가 위치한 MME 정보를 갱신한다. MME가 위치 등록을 수행하는 경우는, i) 단말기가 attach하는 MME가 최근에 detach했던 MME와 다른 MME이거나, ii) MME에 유효한 가입 정보가 없거나, iii) 단말기가 UE ID로 IMSI를 전달하거나, iv) MME에 유효한 “이전 사용자 접속 정보(단말기 Context)”가 없는 경우이다.

- **EPS 세션 설정**(EPS Session Establishment)
  EPS 세션 및 Default EPS 베어러를 생성한다.

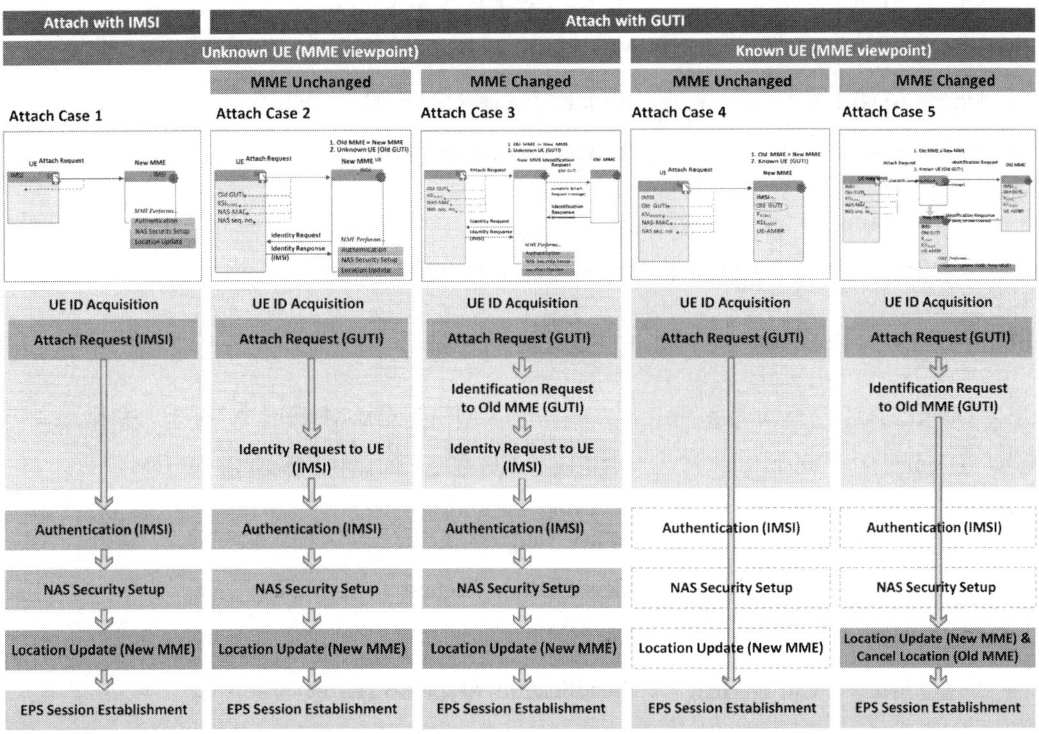

그림 6.4 Simplified Call Flows of Cases of Initial Attach

Attach Case 1: Unknown UE

UE는 IMSI로 접속 요청을 하고, MME는 Attach Request 메시지로부터 사용자 IMSI를 획득한다.

- [UE → MME] Attach Request (IMSI)

UE가 IMSI로 접속을 요청한 경우 MME는 가입자 인증, NAS Security Setup, 위치 등록을 수행하고, EPS 세션/Default EPS 베어러를 설정한다.

3.1 Initial Attach with IMSI

3.2 Initial Attach with GUTI

3.2.1 Attach Case 2: Unknown UE, MME Unchanged

UE는 Old GUTI로 접속 요청을 하고, MME는 Old GUTI가 없으므로 UE에게 UE ID를 요청하여 IMSI를 획득한다.

- [UE → MME] **Attach Request** (Old GUTI)
- [MME] No IMSI
- [UE ← MME] **Identity Request** (UE ID = IMSI)
- [UE → MME] **Identity Response (IMSI)**

나머지 절차는 Attach Case 1과 같은 순서로 처리된다. 즉, 가입자 인증, NAS Security Setup, 위치 등록을 수행하고, EPS 세션/Default EPS 베어러를 설정한다.

Attach Case 3: Unknown UE, MME Changed

UE는 Old GUTI로 접속 요청을 하고, MME(New MME)는 Old MME에게 "이전 사용자 접속 정보"를 요청하였으나 받지 못하였으므로 UE에게 UE ID를 요청하여 IMSI를 획득한다.

- [UE → New MME] **Attach Request** (Old GUTI)
- [New MME → Old MME] **Identification Request** (Old GUTI)
- [Old MME] No IMSI
- [New MME ← Old MME] **Identification Response** (error cause)
- [UE ← New MME] **Identity Request** (UE ID = IMSI)
- [UE → New MME] **Identity Response (IMSI)**

나머지 절차는 Attach Case 1과 같은 순서로 처리된다. 즉, 가입자 인증, NAS Security Setup, 위치 등록을 수행하고, EPS 세션/Default EPS 베어러를 설정한다.

Attach Case 4: Known UE, MME Unchanged

UE는 Old GUTI로 접속 요청을 하고, MME는 Old GUTI에 해당하는 "이전 사용자 접속 정보"를 갖고 있으므로 별도의 IMSI 획득 절차가 필요 없다.

- [UE → MME] Attach Request (Old GUTI)
- [MME] IMSI, Old GUTI, MM Context

MME는 NAS-MAC에 대한 무결성 검증이 성공하면 가입자 인증, NAS Security Setup 및 위치 등록을 수행하고, EPS 세션/Default EPS 베어러를 설정한다.

3.2.2 Attach Case 5: Known UE, MME Changed

UE는 Old GUTI로 접속 요청을 하고, MME(New MME)는 Old MME에게 "이전 사용자 접속 정보"를 요청하여 IMSI와 MM Context를 획득한다.

- [UE → New MME] **Attach Request** (Old GUTI)
- [New MME → Old MME] **Identification Request** (Old GUTI)
- [Old MME] **IMSI**, Old GUTI, MM Context
- [New MME ← Old MME] **Identification Response** (**IMSI**, Old GUTI, MM Context)

Old MME가 NAS-MAC에 대한 무결성 검증에 성공하면 New MME는 IMSI와 MM Context 정보를 수신하여 가입자 인증 및 NAS Security Setup을 수행하지 않으나, MME가 바뀌었으므로 HSS와 통신하여 위치 등록을 수행하고, 이어서 EPS 세션/Default EPS 베어러를 설정한다[10]. HSS는 사용자의 위치를 Old MME에서 New MME로 갱신하고 Old MME에게 해당 사용자의 MM Context를 해제하도록 Cancel Location 메시지를 보낸다.

제 7 장

차세대 IoT 서비스

1. 차세대이동통신 시스템 요구사항

본 장에서는 차세대이동통신 시스템 시대에 일상적으로 사용될 것으로 예상하는 서비스의 기술적 특징과 일반 사용자들의 생활양식을 고려하여 차세대이동통신 시스템 인프라스트럭처가 처리해야 할 트래픽량을 추정하고 차세대이동통신 시스템의 기술적 요구사항을 설명한다.

1.1. 차세대이동통신 시스템 트래픽 예측

전 세계 주요 이동통신사, 장비 제조사, 연구기관으로 구성된 단체인 'Next Generation Mobile Networks(NGMN)'은 차세대이동통신 시스템 서비스를 홀로그램을 활용한 서비스, 500 km/h의 초고속 이동체에서의 끊김 없는 서비스, 센서를 이용한 온도 · 습도 · 오염 모니터링 및 가스 · 수도 검침 서비스, 택타일 인터넷(Tactile Internet) 서비스, 재난 · 공공안전 · 지역방송 서비스, 혈압 · 심전도 · 체온 등 건강 모니터링 서비스 등 8가지 군으로 제시하고 있다[3].

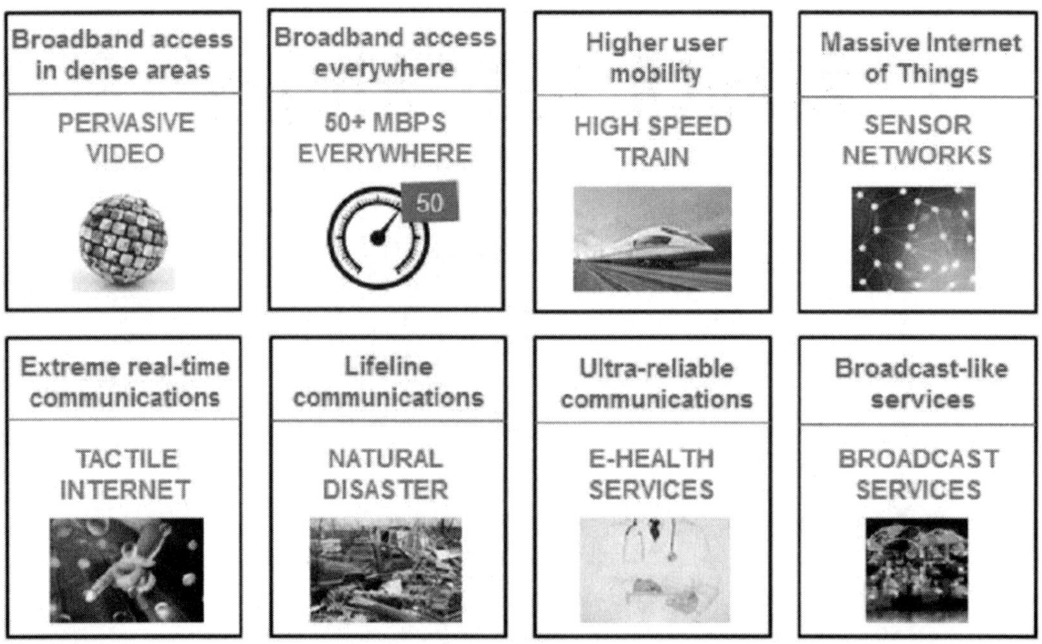

그림 7.1 NGMN 차세대이동통신 시스템 주요 서비스

NGMN이 제시한 서비스들을 포함한 Home, Industry, Public, Personal 4개의 영역에서 현재 제공하고 있거나 향후 상용화 가능성이 높은 약 100여 개의 서비스의 조사, IEEE논문[1], 유사 서비스를

통한 유추 분석으로 서비스별 가입자당 호 시도 수, 호당 데이터 속 도, 호 유지시간과 같은 트래픽 모델을 구체화하였다.

이 트래픽 모델과 서비스별 요구 대역폭, 예측 서비스 가입자 수, 동시 접속률을 반영하면 다음과 같은 데이터량 산출 로직을 도출할 수 있다.

> * 데이터량
> = 서비스 대역폭 R × 서비스 가입 디바이스 수 Q × 동시 접속률 QT × 트래픽 모델 T

예를 들어 Home 영역의 홈헬스케어용 심전도 모니터링 서비스에 적용되는 센서는 일반 적으로 3분에 한 번씩 주기적으로 가입자의 심전도를 체크하게 되며 간단한 제어 신호를 0.4Kbps의 낮은 전송 속도로 3초 간 전송하게 된다. 그리고 인구증가율을 고려한 2020년도 우리나라 전체 인구 5,100만 명 중 약 20%인 1,020만 명이 홈헬스케어 서비스를 이용한다고 가정하여 위 데이터량 산출 로직을 적용하면 심전도 서비스로 인한 데이터량은 시간당 30기가바이트로 추정할 수 있다.

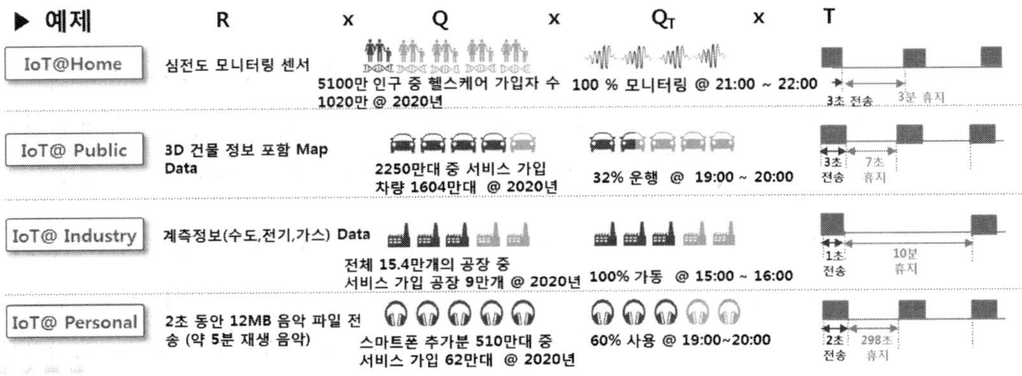

그림 7.2 차세대이동통신 시스템 서비스 트래픽 패턴

차세대이동통신 시스템 서비스의 사용 시나리오와 트래픽 패턴은 다양하나 가입자당 호 시도 수, 호당 속도, 호 유지시간을 기준으로 보면 차세대이동통신 시스템 서비스는 모니터링형, 검침형, 실감·몰입형 서비스로 분류할 수 있다.

[표 7.1] 차세대이동통신 시스템 서비스 분류

구분	음성 서비스	웹포털 서비스	동영상 서비스	모니터링형 서비스	검침형 서비스	실감·몰입형 서비스
가입자당 호 시도 수	0.8	24	3	20	0.08	6
호당 속도	50kbps	1.5Mbps	5Mbps	0.4kbps	0.06kbps	100Mbps
호 유지시간	120s	20s	20s	5s	5s	20s

모니터링형 서비스는 주기적인 접속의 빈도가 높고, 요구되는 속도는 대부분 1Kbps 미만으로 매우 낮다는 특징을 띤다. 대표적인 서비스로는 홈헬스케어 시스템의 심전도 모니터링 서비스, 주택 안전 시스템의 가스 검출 서비스, 농업 자동화 관리 서비스인 온·습도계 모니터링 서비스 등이 있다.

검침형 서비스는 모니터링 서비스보다도 접속 빈도가 현격히 낮거나 산발적이며 필요한 데이터 속도 또한 매우 낮다. 가정에서 한 달에 한 번 측정되는 수도, 가스, 전기 사용량 검침 서비스와 산업 현장에서 주기적으로 상하수도, 폐기물, 전기 등의 사용량을 측정하는 서비스가 이에 포함된다고 할 수 있다.

실감·몰입형 서비스는 100Mbps~수 Gbps 정도의 고속과 수십 초 이상의 호 유지 시간을 특징으로 하며 홀로그램, 8K UHD를 활용한 커뮤니케이션이나 엔터테인먼트 서비스, 가상 증강 현실을 활용한 건축 설계 프로그램이나 운동선수용 트레이닝 프로그램 등이 이에 속한다고 할 수 있다.

2020년도의 트래픽량은 2015년 현재 LG유플러스 기준 셀당 평균 트래픽량, 표 7.1의 각 서비스 유형별 트래픽 모델, 가입자당 호 시도 수 등을 통하여 산출한 결과 2,230페타 바이트로 현재 대비 17.8배가 증가할 것으로 예상되었고, 트래픽 발생 비중 측면에서는 LTE(VoLTE, 웹포털, 동영상서비스), Home, Public, Industry, Personal 영역 중 Personal(실감·몰입형 서비스)분야의 트래픽 발생량이 65%로 가장 높았다.

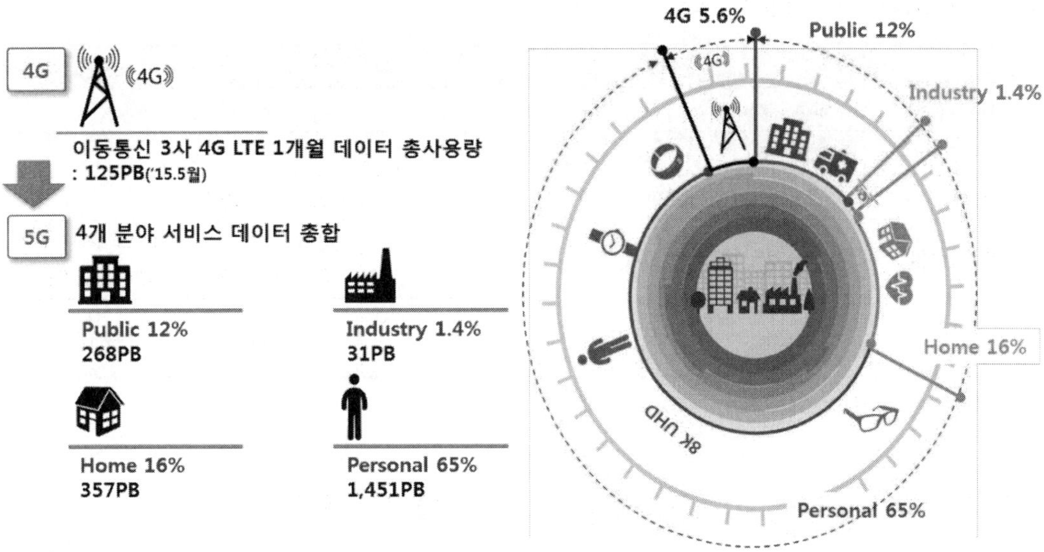

그림 7.3 차세대이동통신 시스템 트래픽 예측

LTE 기지국의 20Mhz 기준 셀 하나의 이론상 최고 속도는 150Mbps이며 이는 2X2MIMO, 64QAM 모듈레이션을 이용하여 모든 Resource Block을 사용하였을 때 제공 가능하다. 즉 하나의 사용자가 셀의 무선 환경이 가장 좋은 장소에서 모든 가용 자원을 사용했을 경우 가능하다는 것이다. 2014년 미래창조과학부가 주관한 측정 결과에 따르면 20Mhz를 사용하는 이동통신 3사 광대역 LTE의 평균 속도는 77.8Mbps로 이론 값 최고속도의 52% 수준으로 나타났다.

① 이는 5Mbps 속도의 동영상을 15명이 동시에 시청할 수 있는 용량이며 이동통신 3사가 실제 사용하고 있는 40Mhz의 대역폭을 모두 활용한다면 30명이 동시에 5Mbps급 동영상을 즐길 수 있다.
② 차세대이동통신 시스템에서도 고객들이 주로 이용하는 서비스의 종류, 양태에 변화가 적고 이론 값 대비 상용망이 보여주는 최고 속도도 비슷한 양상을 나타낸다고 추정하고, 120~720Mbps(평균 400Mbps)의 전송 대역폭을 요구하는 홀로그램이나 8K UHD를 30명의 고객이 동시에 시청한다고 가정하면 평균 12Gbps, 최고 20Gbps 이상의 무선 속도가 필요하다.
③ Massive MIMO, 신규 무선 기술 등의 적용으로 차세대이동통신 시스템의 주파수 효율이 4G 대비 최대 3배, 평균 2배 향상된다고 가정하면 12Gbps를 지원하기 위해 필요한 차세대이동통신 시스템의 주파수 대역폭은 최소 1~1.6GHz 정도로 추정할 수 있다.

[표 7.2] 차세대이동통신 시스템 주파수 필요량

	4G		5G		
산출 기준	이론 값	측정 값[1)]	추정 값		
속도	150Mbps	78Mbps	(필요 속도) 12Gbps ②		
서비스		5Mbps 동영상	400Mbps 동영상 ①		
주파수 효율	7.5bps/Hz	3.9bps/Hz	4G 동일 (3.9bps/Hz)	4G의 2배 가정 (7.8bps/Hz)	4G의 3배 가정 (11.7bps/Hz)
사용(필요) 대역폭	20MHz	20MHz	3.2GHz	1.6GHz	1GHz ③

1) 미래부 측정 이통3사 평균

1.2 차세대이동통신 시스템 서비스의 기술적 요구사항

ITU-R은 2015년 6월10일~6월18일까지 미국 샌디에고에서 열린 WP5D 회의에서 스마트폰, 태블릿, IoT 기기 등과 같은 모바일 디바이스의 확산 및 가입자의 급격한 증가로 인해 폭증할 것으로 예상되는 트래픽을 안정적으로 수용하기 위한 5세대 이동통신의 핵심 성능에 대한 논의에서 다음 8가지 기술적 요구사항에 대하여 합의를 하였고 5세대 이동통신 정식 명칭을 'IMT-2020'으로 확정하였다.

차세대이동통신 시스템망은 속도 측면에서 홀로그램, 8K UHD와 같은 진화된 비디오 서비스를 안정적으로 사용하기 위하여 기존 대비 20배 증가된 20Gbps의 최고 전송 속도, 기존 대비 10배 향상된 100Mbps 이상의 이용자 체감 전송 속도를 보장하여야 한다. 그리고 단위 주파수당 평균 데이터 처리량은 4G 대비 3배 이상 향상시켜야 하며 500km/h로 주행하는 고속이 동체 안에서도 끊김 없는 서비스를 제공하여야 한다.

무선 구간 단방향 전송 지연을 4G 대비 1/10인 1ms까지 줄임으로써 무인 자동차, 원격진료와 같이 인명과 직결된 서비스를 안전하게 지원할 수 있어야 하며, 최대 250억 개까지 늘어날 것으로 예상되는 사물 통신용 기기를 수용하기 위해서는 km^2 당 최대 100만 개의 기기를 연결할 수 있는 무선 용량을 갖추어야 한다.

[표 7.3] 차세대이동통신 시스템 기술적 요구사항

세부 항목	5G(IMT-2020)	4G(IMT-Advanced)
최대 전송 속도	20Gbps	1Gbps
이용자 체감 전송 속도	100~1000Mbps	10Mbps
주파수 효율성	4G 대비 3배	-
고속 이동성(km/h)	500km/h	350km/h
전송 지연	1ms	10ms
최대 기기 연결 수	10^6 /km^2	10^5 /km^2
단위 면적당 데이터 처리 용량	10Mbps/m^2	0.1Mbps/m^2
에너지 효율(Bit/Joule)	4G 대비 100배	-

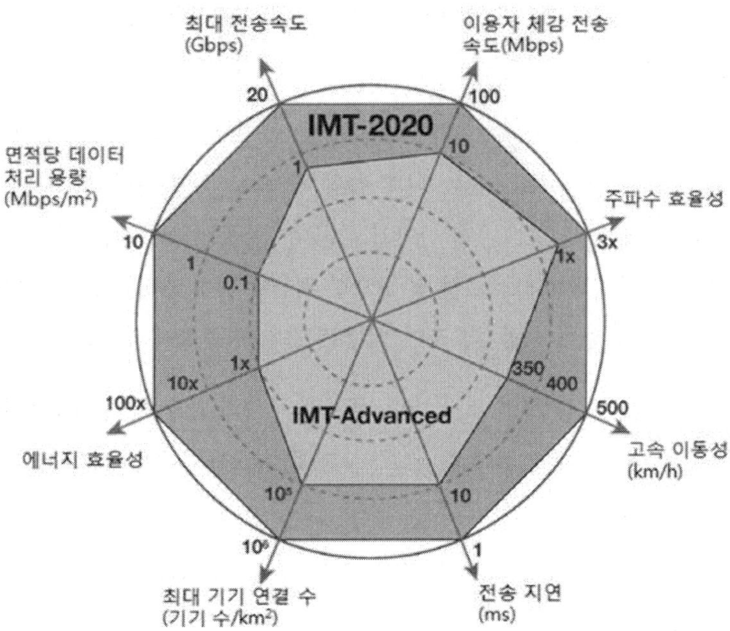

그림 7.4 4G와 차세대이동통신 시스템의 기술적 Gap 분석

사용자 고밀집 환경에서도 이용자 체감 전송 속도를 유지하기 위해서는 단위 면적당 데이터 처리용량은 10Mbps/m^{2}로 4G 대비 100배 증가되어야 하며, 사물 통신 성공의 핵심 요소인 소모 전력 최소화를 위해 에너지 효율은 기존 대비 100배 이상 향상되어야 한다.

2. 차세대이동통신 시스템 인프라스트럭처

Safety Improvement, Information Share, Cost Saving, Time Management, Emotional Care – 이 다섯 가지 생활 가치를 제공하기 위해 차세대이동통신 시스템 인프라스트럭처에 구현해야 할 공통 요소는 고객 단위 분석 제어 구조, 유연한 자원 할당 및 관리, 서비스 중단 없는 안전한 인프라, 그리고 경제적인 초고속화와 초대용량화로 요약할 수 있다.

고객 단위 분석 제어 구조를 갖추기 위해 애플리케이션별 세부 분석, 장비 간 로그 동시·연관 비교, 네트워크 부하까지 고려한 단위 회선별 실시간 제어를 기본 기능화해야 할 것으로 본다. 유연한 자원 할당·관리는 가상화를 활용한 자원 공유와 필요 시점 즉시 증설, 모듈화와 플래그 설정 범위 최대화를 통한 시스템 패키지 개발 기간 단축, 서비스 및 고객별 자원 사용률을 감안한 인프라 공유로 가능할 것으로 생각한다.

서비스 중단 없는 안전한 인프라를 유지하기 위해서는 보안 공격의 사전 감지와 근원지 격리, 진단형 로그를 이용한 자가 진단과 자동 조치, 이상 상황 발생 시 운영 파라미터의 자동 설정 기능이 필요하며, 차세대이동통신 시스템 요금제 나아가 차세대이동통신 시스템 서비스 활성화와 직결된 경제적인 고속화와 초대용량화는 스펙트럼 및 광채널 효율의 향상, 불필요한 시그널링 부하의 최소화, 단 말 용도·등급별 효율적 수용 및 제어 역량 확보와 상관성이 크다고 할 수 있다.

그리고 빠른 고객 요구 대응, 경쟁사와의 차별화, 효율적 구축과 운영 목표 달성을 위해서는 차세대이동통신 시스템 인프라스트럭처는 모듈화 구조, 가치 증진 피드백, 오버레이 구조라는 세 가지 특징을 가져야 한다고 생각한다.

2.1 모듈화 구조

현재 4G 네트워크는 고객별 맞춤 요금제나 맞춤 서비스를 제공하기에는 소프트웨어 개발 비용, 운영면에서 제약 사항이 적지 않고, 망 요소별 부하율의 편차도 매우 클 뿐만 아니라 타 망 요소에 유휴 자원이 있음에도 이를 활용할 수 없는 Silo 구조여서 운영 효율 면에서도 개선의 필요성이 있다.

모듈화란 인프라스트럭처의 각 계층에서 제공하는 기능을 컴포넌트화해 고객의 요구를 접수하거나 특정 서비스를 위한 망 구성이 필요할 때 Orchestration 기능을 활용, 관련 모듈들을 원클릭으로 조합하여 맞춤 서비스를 제공하거나 망 구성을 할 수 있는 인프라스트럭처의 구조와 역량을 의미한다.

모듈화 구조의 또 다른 목표는 가상화된 개별 컴포넌트의 재활용으로 자원 사용 효율을 올리고 고장 시 자가 조치를 통해 경제성과 안정성을 동시에 확보하는 것이다.

현재 이동통신 시장은 고객의 사용 행태를 예측하여 만든 몇 가지 요금제 중에서 고객이 하나를 선택하는 사업자 중심의 구조인데, 이는 고객별로 서로 다른 서비스를 실시간으로 제공하기에 충분치 않은 현재의 망구조에도 적지 않은 관련이 있다. 서비스 제공 단위가 요금제로 제한되어 있고 연동 시스템이 서로 복잡하게 얽혀 있어 새로운 기능을 추가하기 위해서는 다수 시스템의 패키지 개발, 긴 패키지 적용 시간이 필요하다.

현재 시스템은 트래픽 패턴이 서로 다른 디바이스를 구분하지 않고 동일한 자원을 할당하기 때문에 일부 디바이스 종류에 대해서는 시스템 유휴 자원이 상대적으로 많아 서비스 원가 측면에서도 손실을 초래할 수 있다. 특히 다른 서비스용 장비에는 충분한 유휴 자원이 존재함에도 불구하고 시스템 고장이나 기능 저하 발생시 대체 자원으로 활용할 수 없어 운영 효율을 낮추는 요인이 된다.

모듈화 구조를 구현한다면 상호 의존성 없는 컴포넌트, 고객 단위 서비스 제공이 가능한 연동 구조, 이를 자유롭게 실시간으로 조합할 수 있는 Orchestration으로 연관 장비 개발과 설정을 최소화하여 새로운 고객 맞춤형 서비스를 최단 시간 내에 제공할 수 있을 것이다. IoT 디바이스에 대해서는 적용 분야에 필요한 모듈만을 조합한 전용망을 구성하고 유휴 자원을 최소화할 수 있도록 자원을 할당하여 서비스 제공 원가를 낮출 수 있을 것으로 기대한다. 뿐만 아니라 가상화 기반 모듈 구성으로 특정 컴포넌트나 요소에 문제 발생시 대체 자원을 활용한 자동 복구가 가능하여 고객 서비스에 대한 영향을 사전에 차단 내지 방지할 수 있어 망 운영의 안정성이 향상될 것이다.

그림 7.5는 모듈화 구조를 기반으로 구성한 네트워크와 활용 예를 도식화한 것이다. 그림 7.5의 왼쪽에는 계층별 모듈을 구분하여 나타내었고 Connected Car와 IoT 서비스에 필요한 모듈들을 각각 Ⓒ, Ⓘ로 표기하였다. Connected Car 서비스는 지연 시간을 최소화할 수 있도록 Edge Cloud에 위치한 vEPC가 수용하고, 다수의 IoT 디바이스들은 Core Cloud에서 제공하는 IoT Group 컨트롤 모듈을 통해 하나의 시그널로 제어할 수 있다.

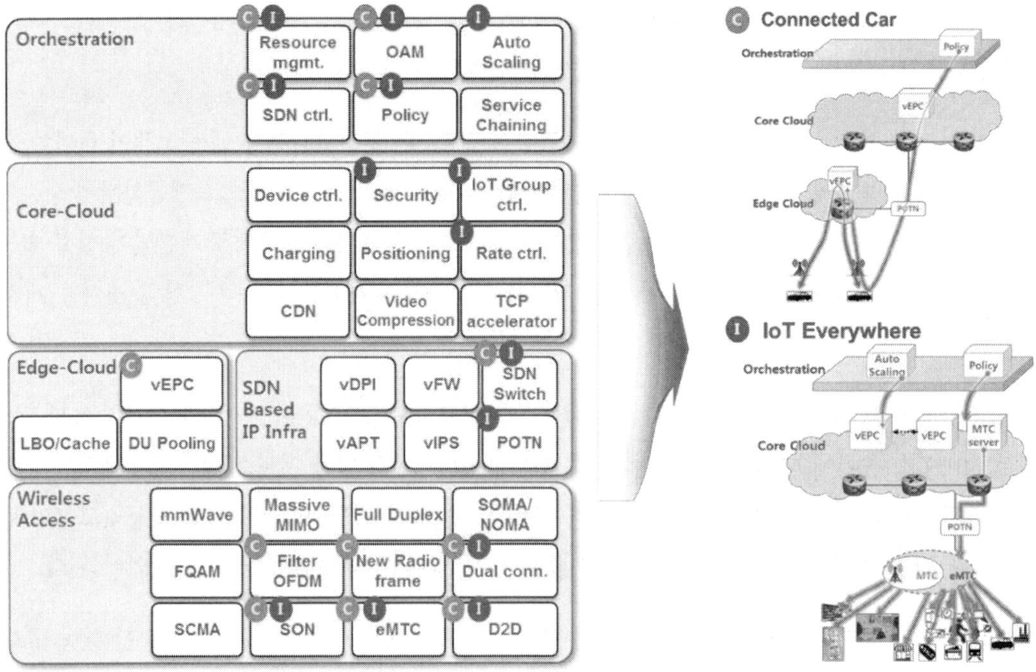

그림 7.5 모듈화 구조 네트워크의 활용 예

모듈화 구조를 위한 핵심 기술 후보로 NFV와 SDN을 꼽을 수 있는데 NFV는 범용 하드웨어 기반의 공통 플랫폼에 소프트웨어를 가상머신으로 구성하는 것으로 필요에 따라 자유롭게 모듈을 생성·제거할 수 있도록 하며, SDN으로 이 모듈 간의 네트워크 연결설정을 자동화 할 수 있다.

2.2 가치 증진 피드백

4G에서도 특정 위치에 있는 고객에게 날씨와 교통 정보, 할인 광고 등을 제공하고 있으나 고객의 취미, 현재의 주요 관심사에 상관 없이 같은 지역 내의 모든 사용자에게는 동일한 내용의 정보를 공유하는 수준이다. 망 운영 관점에서는 시스템의 성능·용량은 비약적으로 증진된 데 비해 고객 체감 품질, 고장 관리 방법은 사후 조치 중심의 기존 방식에서 크게 벗어나지 못했다. 고객이 경험하는 통화 단절, 스트리밍 동영상 끊김 등은 VoC나 시스템 통계를 통해 파악되므로 이를 해소하기 위해 장시간이 소요될 수밖에 없다. 또한 특정 임계값을 기준으로 한 단순한 고장 관리로는 서비스 품질 저하 발생 후에야 상황을 인지할 수 있어 예방적 대응이 어려우며, 임계값을 초과하지 않는 조용한 성능 저하가 발생한 경우 신고 없이는 고객의 불편을 인지하기 쉽지 않다. 4G에서도 DPI(Deep Packet Inspection)를 이용하여 고객별 트래픽 분석과 속도 제어는 가능하지만 네트워크 부하까지 고려한 고객·회선 단위 실시간 제어까지 가능하지는 않다.

가치 증진 피드백 루프는 망에서 발생하는 모든 로그를 수집 · 분석하여 고객의 요구사항, 위치, 요금제, 망의 가용 자원 등을 종합적으로 판단, 망의 자원과 동작을 제어함으로써 고객에게 최고의 서비스를 제공하고 품질 저하 요인을 조기에 검출, 자동 해소함으로써 인프 라스트럭처의 안정성을 제고하는 것을 목표로 한다.

인프라스트럭처, Analyzer, Activator가 연동하여 고객별 미세 품질 저하까지 감지 · 분석하여 피드백 루프를 통해 자원을 추가 할당, 사전 예약, 유지함으로써 균일한 품질을 제공하게 된다. 즉, VoC가 아닌 망이 배출하는 모든 정보가 서비스 항상성을 제공하는 기본이 되는 autonomous infrastructure를 지향하는 것이다.

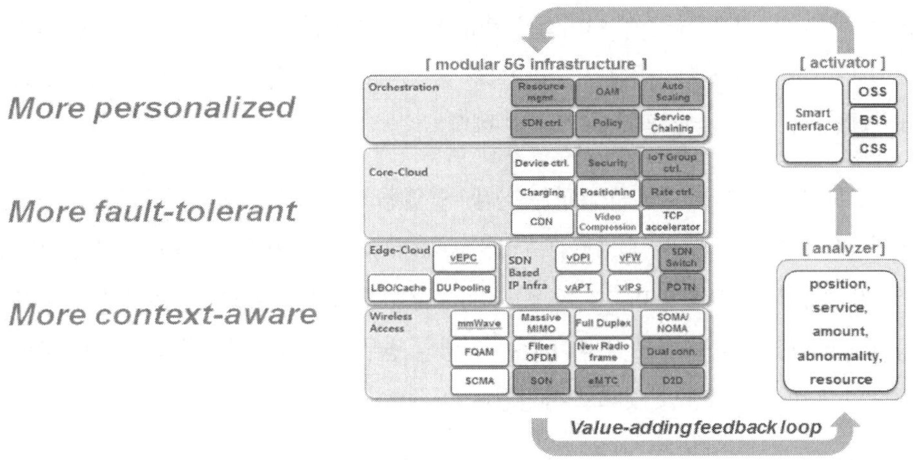

그림 7.7 가치 증진 피드백 루프

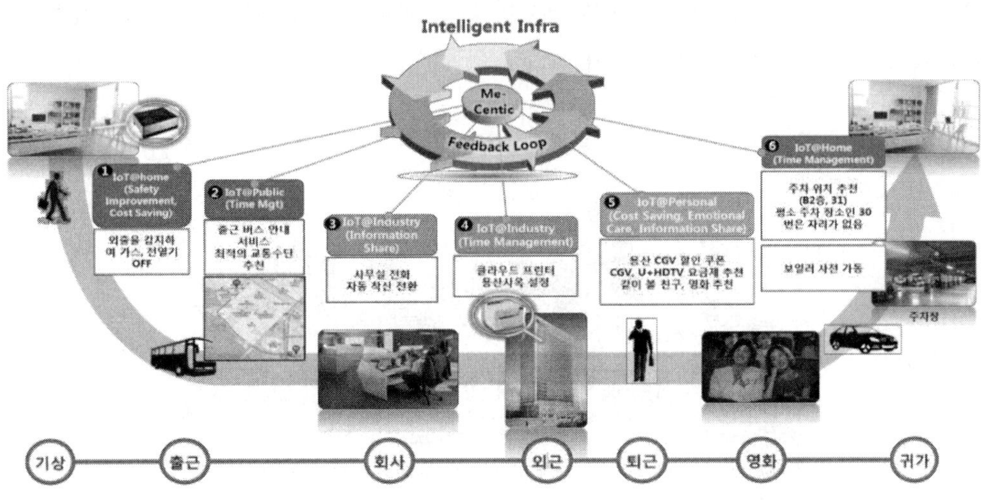

그림 7.8 피드백 루프를 통한 고객 맞춤형 서비스

또한 단위 모듈이 전달한 자원 사용률, 통계, 알람, 로그를 연관 분석하여 부하에 의한 성능 저하나 고장 징후를 사전에 파악, 예비 자원 투입의 필요성을 판단하거나 운영 파라미터의 변경으로 망의 고장 상황 발생을 예방할 수 있다.

2.3 최적 오버레이 구조

국내 4G 액세스 네트워크는 800MHz~2.6GHz 대역의 3개의 주파수를 활용하는 데 주요 주파수에 대해서는 도심, 외곽 구분 없이 기지국을 모두 구축하여 전국 서비스를 제공 하고 나머지 주파수에 대해서는 지역별 발생 트래픽과 고객 체감 품질을 감안하여 필요할 경우 기지국을 추가적으로 구축하고 있다.

모니터링형, 검침형, 실감·몰입형 서비스로 분류한 차세대이동통신 시스템 서비스 중 실감·몰입형 서비스 외 나머지 서비스를 제공하는 디바이스가 유발하는 트래픽은 매우 낮은 수준으로 대부분의 경우 4G 네트워크로도 수용 가능할 것으로 예상한다.

고객의 밀집도가 높고 빠른 속도를 요하는 실감·몰입형 서비스 사용자의 비중이 높은 지역은 고속 데이터 전송을 지원하는 밀리미터 웨이브, massive MIMO 등 차세대이동통신 시스템 기술을 모두 적용할 필요가 있지만, 고화질 비디오 사용 비율은 높으나 고객 밀집도가 낮은 지역 또는 고객 밀집도는 높으나 고화질 비디오 사용 비율이 낮은 지역의 경우 기존 4G 네트워크의 최적화로도 충분한 품질 수준의 서비스가 가능할 것으로 예상한다.

따라서 이동통신 3사는 고객의 밀집도가 높고 빠른 속도를 요하는 실감·몰입형 서비스 사용자의 비중이 높은 지역에 차세대이동통신 시스템망을 집중적으로 구축하고 그 외 지역은 셀 분할, 파라미터 변경과 같은 4G 네트워크 최적화와 4G 네트워크 업그레이드로 차세대이동통신 시스템의 세가지 유형의 서비스를 효과적으로 제공하고자 한다.

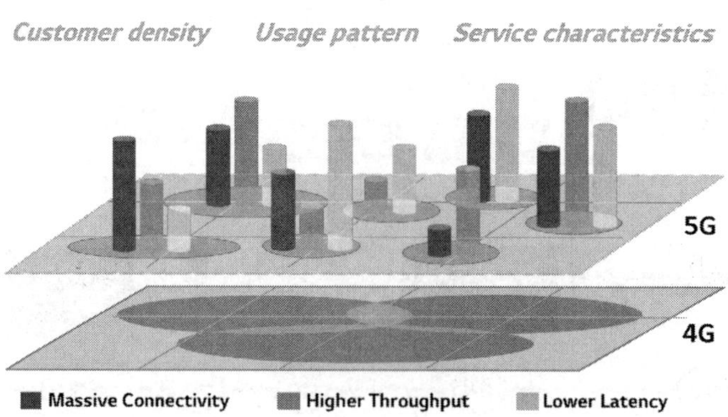

그림 7.9 최적 오버레이 구조

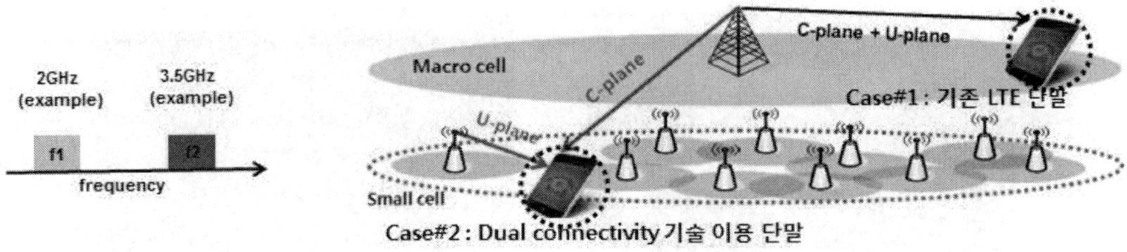

그림 7.10 Dual Connectivity 구조

그리고 지역별 발생 트래픽을 토대로 한 최적 오버레이 구조로 차세대이동통신 시스템 기지국을 구축할 경우 차세대이동통신 시스템에서 4G 망으로 핸드오버가 빈번하게 발생할 수밖에 없는데, 이때 호 끊김을 방지하기 위해 핸드오버 호처리 시그널링은 4G 망에서, 데이터 트래픽은 4G와 차세대이동통신 시스템망에서 송수신하는 Dual connectivity 기술 도입이 필수적이다.

3. 텔리전트 인프라 적용 예

본 장에서는 차세대이동통신 시스템에서 널리 사용될 것으로 이야기되는 대표적인 서비스를 제공하기 위해 2.1 모듈화 구조를 이용하여 자사가 구현하고자 하는 차세대이동통신 시스템 인프라스트럭처의 동작 방식을 개념적으로 설명한다.

3.1 Connected Car

가트너에 따르면 2020년에 이르면 전 세계에서 주행 중인 차량 다섯 대 중 한 대인 2억 5천만 대가 무선 네트워크에 연결될 것으로 전망된다[1]. 이처럼 통신망에 접속 가능한 차량이 급속도로 증가하면서 차량 내 정보 통합 관리 및 콘텐츠를 즐길 수 있는 인포테인먼트와 자동 주행까지 가능한 지능형 자동차가 IoT의 대표적인 서비스로 부각되고 있다.

안전한 자율 주행의 핵심 관건은 차간 거리, 주행 속도 등의 정보를 파악하는 차량 간 V2V(Vehicle-To-Vehicle) 통신 그리고 도로 곳곳에 설치된 기지국을 통해 주행 정보들을 수집하고 이를 중앙 서버가 분석하여 차량에 제공하는 V2I(Vehicle-To-Infra) 통신의 속도라고 할 수 있다.

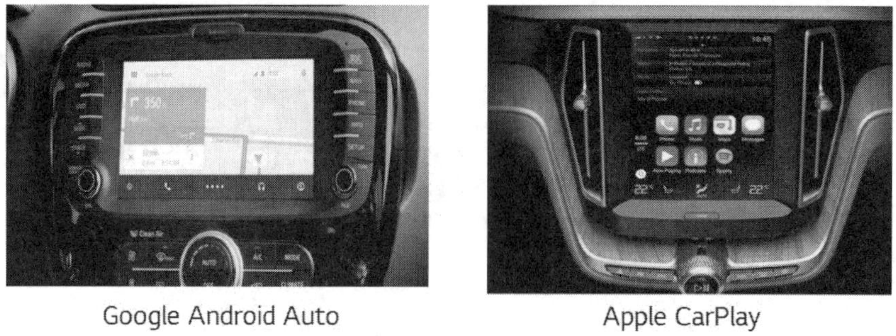

그림 7.11 차량 인포테인먼트

차세대이동통신 시스템에서는 고속 이동 차량과 중앙 서버 간 V2I 통신을 실시간으로 제공하기 위해 Core Cloud보다 단말에 좀 더 가까운 Edge Cloud에서 트래픽을 처리하여 차량과 제어 인프라 구간의 지연 시간을 단축하고, 무선 구간에서도 New Radio Frame, Filtered-OFDM 등 새로운 무선 기술을 적용하여 지연 시간을 추가적으로 줄임으로써 도로 환경의 급격한 변화에 신속하게 대응할 수 있도록 해야 한다.

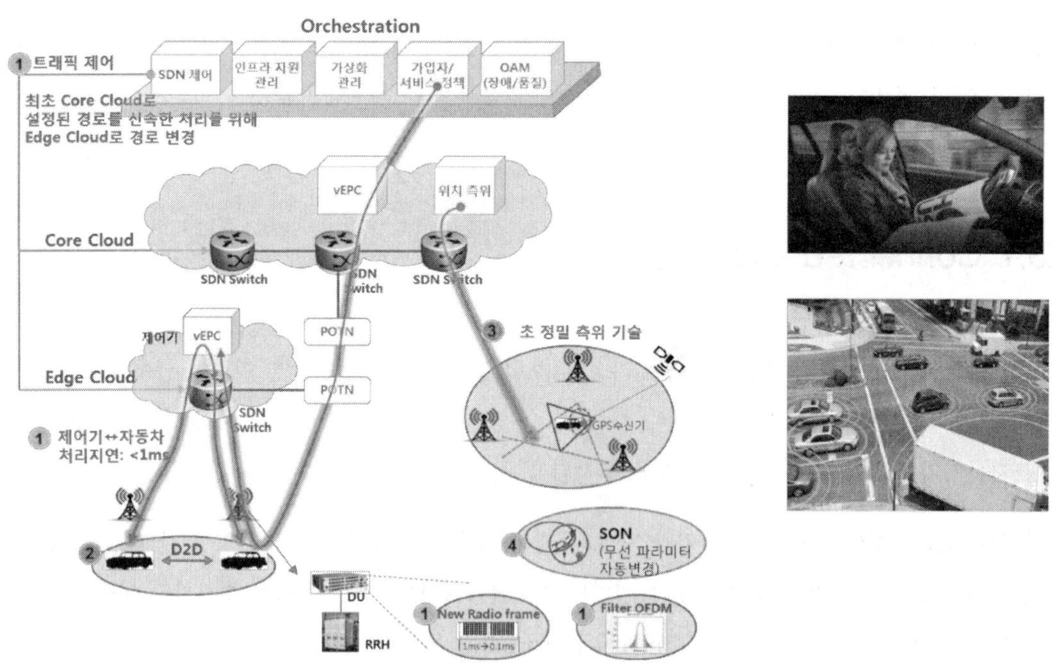

그림 7.12 Connected Car 서비스 적용 예

3.2 IoT Everywhere

2020년까지 센서, 웨어러블 디바이스, 차량을 포함해서 250억 개에 이르는 IoT 단말들이 사용될 것으로 예상된다[2]. IoT 단말들 중 많은 부분은 배터리만으로 동작할 수밖에 없는 환경에 설치될 것으로 예상되는 바 한번의 충전으로 최대한 오래 사용할 수 있도록 돕는 제반 기술의 구현이 무엇보다도 중요하다.

무선 구간에는 좁은 대역폭 사용과 리포트 주기 확대로 소모 전력을 낮추고, 반복 전송 기능으로 커버리지를 확장하는 eMTC를 적용해야 한다. 스마트폰용 서버와 독립된 IoT용 자원 할당 및 관리에 최적화된 별도의 IoT 서버를 채택하여 코어망의 운영 효율을 올릴 수 있을 것으로 기대하며, 다수의 IoT 단말로 인해 발생하는 시그널링 부하를 최소화하기 위해 IoT 단말을 서비스 단위로 묶어 단일 메시지로 제어할 수 있어야 한다.

또한 바이러스 감염으로 인한 IoT 단말의 공격원으로의 변질 또는 공격 교두보 역할 가능성에 대비하여 단말의 인증・보안, 경량 암호화, 네트워크와 IT까지 고려한 E2E 보안 기능을 제공하여야 한다.

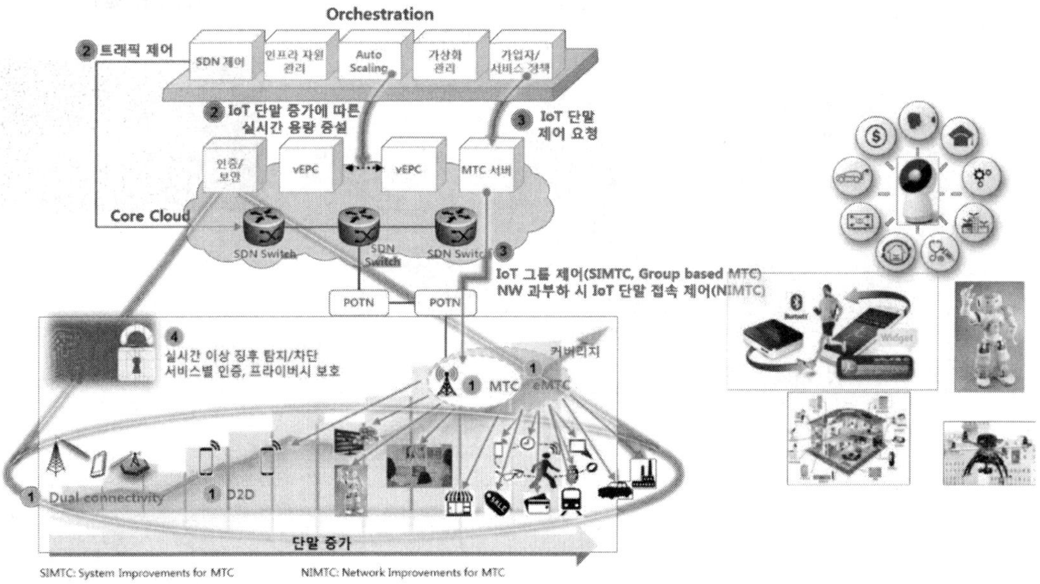

그림 7.13 IoT서비스 적용 예

3.3 UHD/홀로그램

홀로그램 시장은 기술이 발전하면서 연평균 13%씩 지속적으로 성장하여 2020년 35조 원, 2025년 75조 원 규모로 성장할 것으로 예상된다[9]. UHD, 홀로그램을 응용한 실감·몰입형 서비스는 100Mbps~수 Gbps 정도의 고속과 최소 수십 초 이상의 안정적인 호 유지가 필수적이기 때문에 무선 구간에서는 밀리미터파와 같은 대역폭 확대 기술, Massive MIMO, FQAM, NOMA, SOMA 등 주파수 효율 향상 기술을 복합적으로 적용하여 최고 20Gbps의 전송 속도를 구현하고자 한다.

코어 계위에서는 대용량 데이터 처리의 부하를 국지화하기 위하여 Edge Cloud에서는 LBO(Local Break Out), 콘텐츠 캐싱 기술을 적용해야 하며 Core Cloud에서는 서비스 체이닝을 활용하여 가입자·서비스별로 Video압축, TCP가속기 등의 기술을 선택적으로 적용할 수 있어야 한다.

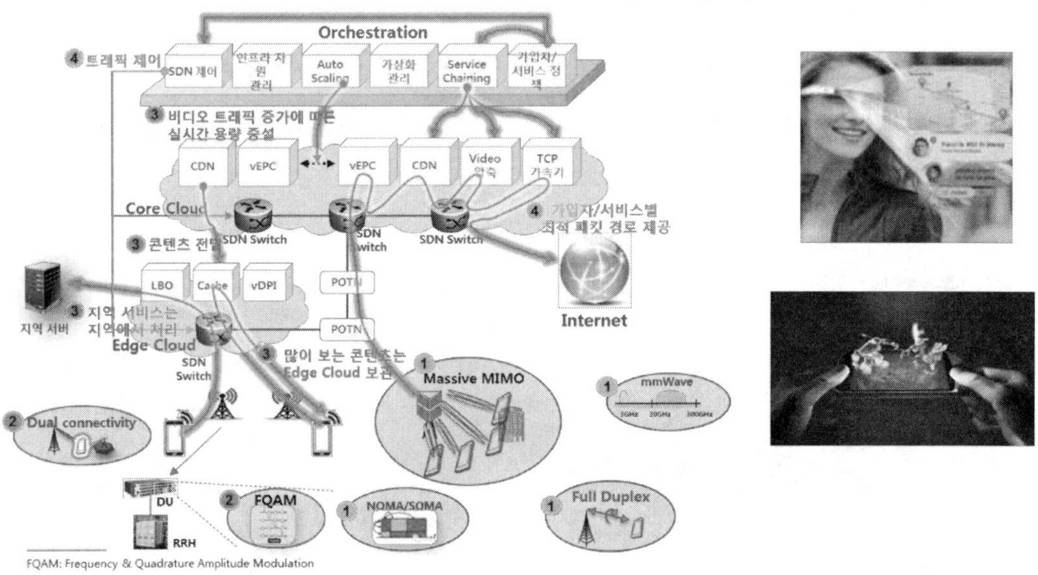

그림 7.14 홀로그램 서비스 적용 예

3.4 스마트 워크플레이스

가트너의 조사에 따르면 '13년에서 '18년까지 기업 클라우드 서비스는 연평균 15.3%의 성장이 예상되며, 업무 환경도 지속적으로 클라우드 데이터센터로 가상화될 것으로 전망된다.

사무실을 벗어나서도 언제 어디서나 업무 처리가 가능한 스마트 워크플레이스 서비스로 인한 무선 구간 트래픽 발생량은 4G 무선 기술로도 충분히 처리 가능한 수준이다. 그러나 클라우드에 고장이나 성능 저하가 발생할 경우 다수 사용자의 업무 수행에 심대한 지장을 초래하는 만큼 백업, 스냅샷 기능이 강화되어야 한다.

특정 기업 고객을 위한 스마트 워크플레이스 서비스용 트래픽은 Edge Cloud에서 처리함으로써 응답 시간을 단축할 수 있을 뿐만 아니라 Core Cloud에 발생할 수 있는 불필요한 트래픽을 방지할 수 있어야 한다. 그리고 사무실을 벗어나 인프라망에 접속하는 만큼 SDN/NFV를 활용하여 고객·서비스별로 필요한 보안기능을 제공하여야 한다.

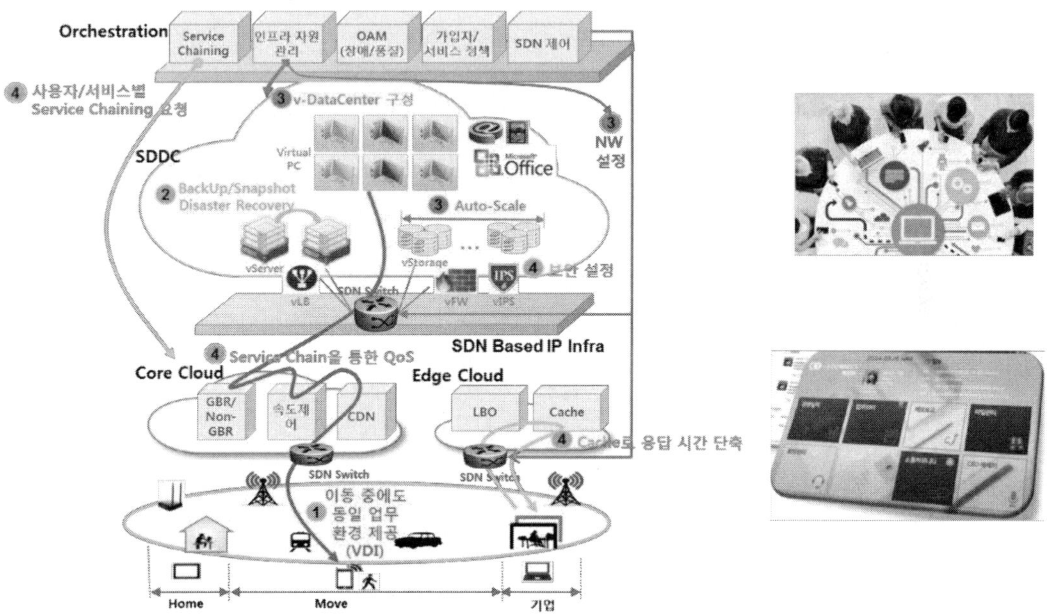

그림 7.15 스마트 워크플레이스 서비스 적용

제 8 장

차세대 IoT 네트워크 기술

1. 차세대이동통신 핵심 액세스 네트워크 기술

1.1 차세대이동통신 후보 주파수 대역

LTE 주파수로 사용 중인 450MHz~3.5GHz 대역 인근 영역은 이미 다양한 무선통신 용도로 사용되고 있어 미사용 대역을 결합하여 사용한다고 하여도 ITU-R에서 정의한 차세대이동통신 최고 속도 20Gbps, 체감 속도 100Mbps 이상의 성능을 낼 수 없는 상황이다.

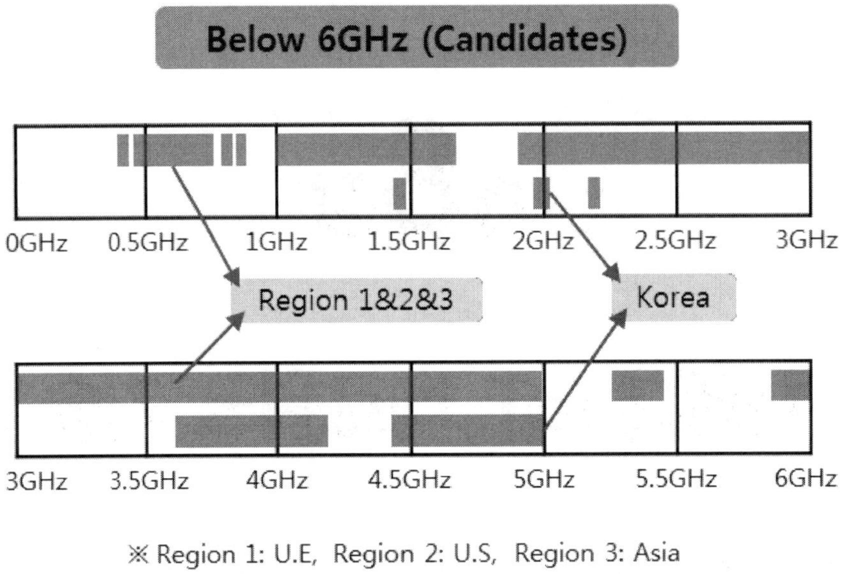

그림 8.1 6GHz 미만의 차세대이동통신 후보 주파수

차세대이동통신 후보 주파수 대역으로 6GHz 미만 대역과 6GHz 이상 대역 모두 검토되고 있으며 국내에서는 6GHz 미만의 주파수로서 1,452~1,492MHz 대역과 3.6~4.2GHz 대역이 유력한 후보군으로 논의되고 있으며, 6GHz 미만의 주파수에서는 현재 4G 규격의 최신 릴리즈를 적용할 수 있으며 기존 무선망 설계 방식을 활용할 수 있을 것으로 보인다.

광대역 주파수 확보를 위해서 검토되고 있는 6GHz 이상의 대역에서는 높은 MCS(Modulation and Coding Scheme)와 CA(Carrier Aggregation) 기술 없이도 500MHz~1GHz의 연속된 광대역을 이용하여 초고속 데이터 전송이 가능할 것으로 기대된다. 6GHz 이상의 주파수에서는 특히 밀리미터웨이브(millimeter wave)라 불리는30GHz 이상 및 그 인근 주파수 사용이 활발히 검토되고 있으며, ITU-R WP5D의 주요 후 보 주파수 대역은 28GHz, 39GHz, 60GHz, 72GHz이고 국내 5G포럼에서는27GHz~29.5GHz 및 72GHz를 주요 후보 주파수 대역으로 검토하고 있다.

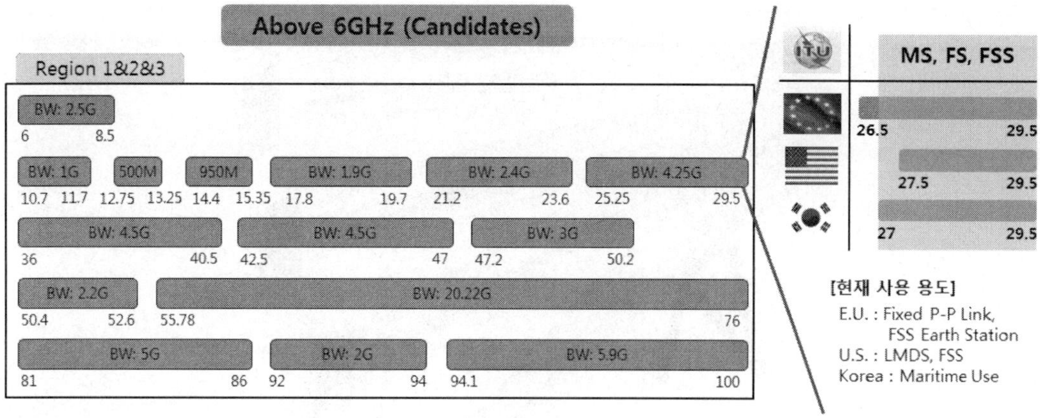

그림 8.2 6GHz 이상의 차세대이동통신 후보 주파수

1.2 Spectral Efficiency

주파수 대역의 확장과 더불어 데이터의 전송 속도를 높일 수 있는 또 다른 방법은 주파수의 효율을 높이는 것으로, 본 절에서는 주파수 효율 향상 기술인 Massive MIMO, Modulation, New Waveform, Multiple Access, Full Duplex Radio 기술을 설명한다.

1.2.1. Massive MIMO

Massive MIMO는 송·수신 안테나 수를 늘리고 고지향성 빔을 수직 또는 수평으로 자유롭게 생성하여 단말별로 독립적인 빔을 송수신하여 단말 간의 간섭을 줄여 전송 속도를 올리고 무선 용량을 향상시키는 기술이다.

밀리미터웨이브는 파장이 짧아 직진성이 강하여 원하는 방향으로 신호 전송이 쉽고 안테나 소자의 크기가 작아 안테나 수를 늘릴 수 있어 Massive MIMO 구현에 유리하다. 좁은 빔폭을 갖는 다수의 송·수신 안테나를 이용하여 신호를 원하는 곳에만 선택적으로 전달하는 빔포밍 기술을 이용하여 서로 다른 곳에 위치한 많은 사용자들에게 동시에 데이터를 전송하여 기지국의 전송 용량을 증가시키는 Multi-User MIMO 효과가 있다.

LTE에서 안테나는 고도를 고려하지 않은 2차원 구조였던 반면 Massive MIMO 안테나는 3차원 구조의 빔을 활용하여 고층 빌딩과 같이 여러 단말이 수직, 수평으로 위치한 경우에도 동시 비스가 가능하며 이를 Full Dimensional MIMO라고도 한다. Massive MIMO의 구현을 위해서는 Horizontal 방향뿐만 아니라 Vertical 방향으로 확장한 3D 채널 모델링, 이동하는 단말을 효과적으로 트래킹할 수 있는 기술 등의 추가 연구가 필요하다.

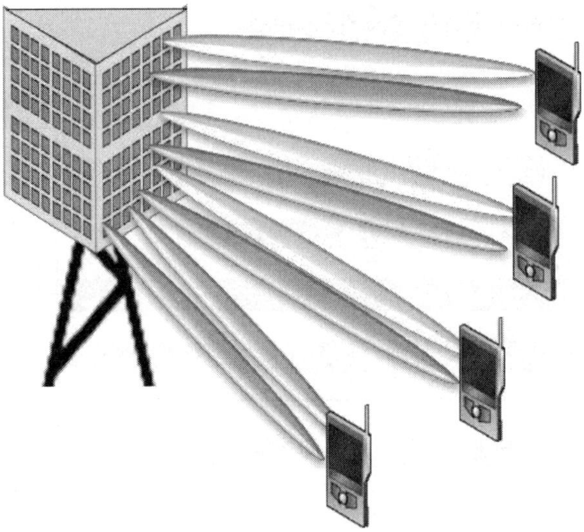

그림 8.3 Massive Antenna를 이용한 FD-MIMO

1.2.2 Modulation

LTE에서는 QPSK, 16QAM, 64QAM 변·복조 기술을 사용하고 있으며 보다 주파수 효율을 향상시키는 기술로 SINR이 높은 지역에서 적용할 수 있는 256QAM(Quadrature Amplitude Modulation), 셀 경계 지역에 적용할 수 있는 FQAM(Frequency&Quadrature Amplitude Modulation) 기술이 있다.

256QAM은 하나의 Symbol로 8Bit를 전송하므로 기존 6Bit를 전송하는 64QAM 대비 이론상 주파수 효율은 33.3% 증가시킬 수 있다. 하지만 256QAM은 Constellation 상각 Symbol 간 거리가 짧아져서 노이즈에 영향을 많이 받기 때문에 셀 중심이나 Indoor 같은 SINR이 높은 환경에서만 사용할 수 있다.

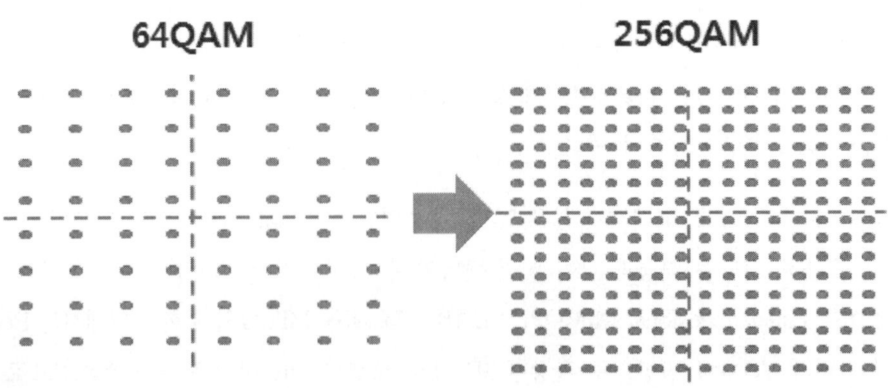

그림 8.4 256QAM 동작

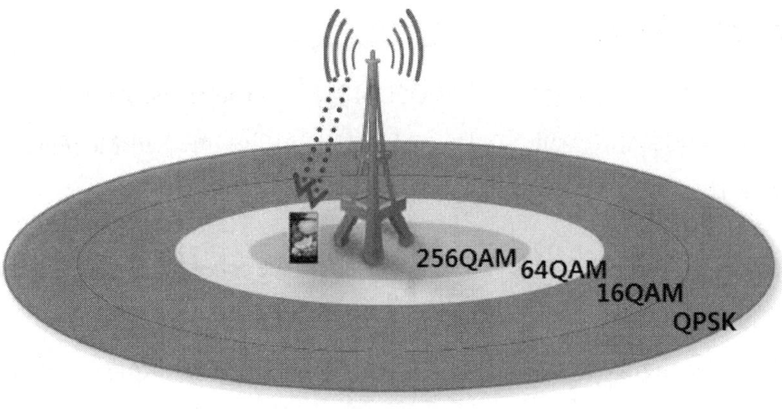

그림 8.5 256QAM 커버리지

간섭(Interference) 신호는 전체 네트워크의 용량을 결정하는 중요한 요소 중 하나로 특히 셀 경계 지역에서는 셀 간 간섭 때문에 네트워크의 성능이 떨어지게 된다.

FQAM은 셀 간 간섭 신호의 영향을 줄여 셀 경계 지역 단말의 속도를 향상시키기 위해주파수 효율이 좋은 QAM과 셀 간섭에 강한 FSK(Frequency Shift Keying)의 장점을 합친 기술이다. 4-ary QAM과 4-ary FSK의 조합으로 만들 수 있는 16-ary FQAM은 데이터 비트를 4개의 QAM 심볼 중 하나에 매핑하고 각 심볼을 FSK 4개 중 하나의 주파수에 매핑 하는 방식이다. 하지만 이 기술은 셀 경계 지역에 있는 사용자에게만 성능 개선 효과가 있어서 셀 중심에 있는 사용자는 기존의 QAM 방식을 사용해야 한다.

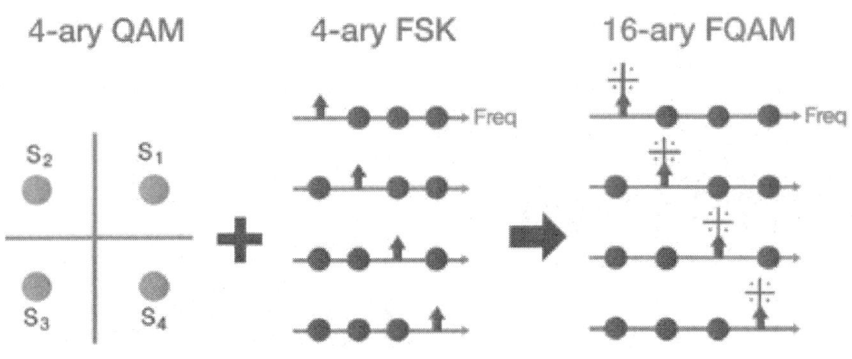

그림 8.6 FQAM 방식

2.3 New waveform

기존 OFDM 주파수 효율을 더욱 높이기 위해 OFDM의 반송파(Subcarrier)에 필터를 적용하는 기술의 연구가 활발히 진행되고 있으며, 필터를 적용시키는 범위에 따라 FBMC(Filter Bank Multi-Carrier)와 UFMC(Universal Filtered Multi-Carrier)로 나눌 수 있다.

FBMC는 OFDM의 반송파마다 필터를 적용하여 불필요한 side lobe들을 줄임으로써 OFDM에서 사용하는 CP를 사용하지 않아도 되어 주파수 효율을 향상시키는 기술이다. 이를 통해 Cyclic Prefix의 사용 없이도 ICI(Inter Carrier Interference), ISI(Inter Symbol Interference)등 간섭 영향을 줄일 수 있으므로 주파수 효율을 향상시킬 수 있다. 하지만 필터 사용으로 인해 구현 복잡도가 증가하고, 현재 검토 중인 필터로는 OFDM 신호의 허수부가 직교성을 유지할 수 없어 이를 보완하기 위해 허수부의 심볼 주기를 1/2만큼 이동 시킨 offset QAM을 사용해야 하고 이에 따라 추가적인 채널 추정이 필요하다.

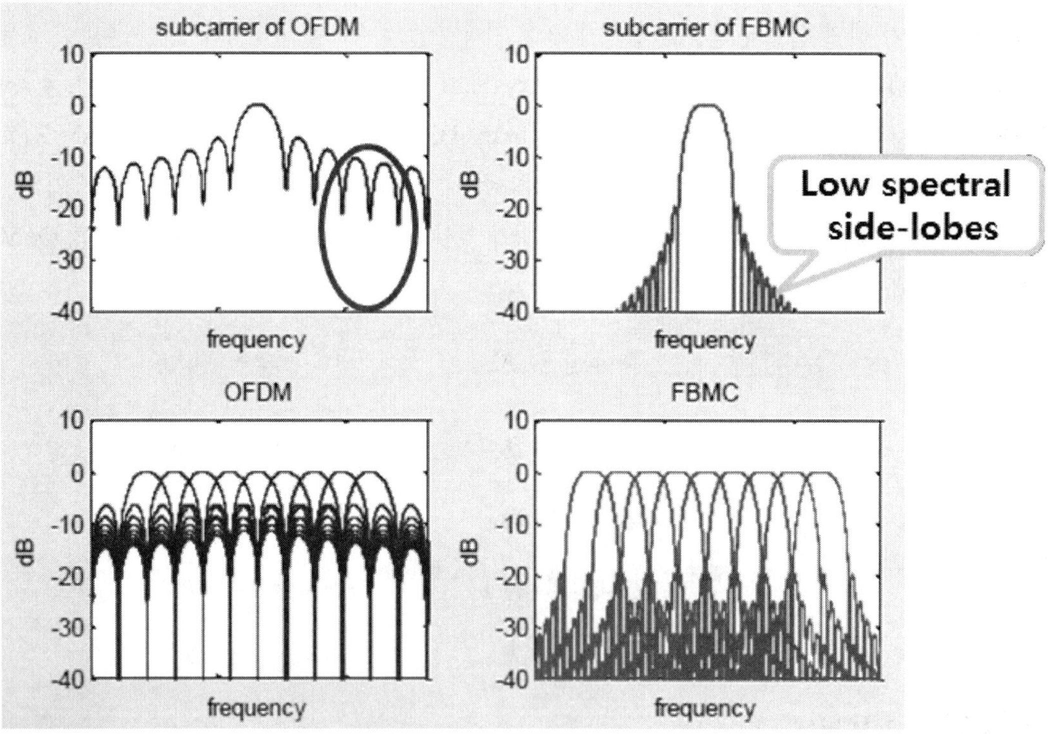

그림 8.7 OFDM vs FBMC 파형 in frequency domain

UFMC는 여러 개의 연속적인 반송파들을 묶어 Sub-band 단위로 Filtering하는 기술로 FBMC와 마찬가지로 필터링을 통하여 ICI, ISI를 효율적으로 극복할 수 있고, Sub-band 단 위의 필터링을 통해 복잡도는 더 낮은 장점이 있다. 또한 QAM 방식을 사용하는 LTE 기술에 적용이 가능하여 FBMC보다 기존 시스템과 높은 호환성을 보이며 짧은 Filter length로 인해 FBMC 보다 Latency가 작아진다.

1.2.4 Multiple Access 기술

기존 OFDMA 방식보다 많은 수의 기기를 수용하고 셀 용량 증대를 위해 NOMA(Non-Orthogonal Multiple Access), SOMA(Semi Orthogonal Multiple Access), SCMA(Sparse Code Multiple Access)와 같은 새로운 형태의 다중 접속 기술(Multiple Access)들이 활발하게 연구되고 있다.

NOMA는 Power Domain 상에서 다른 사용자들의 간섭 신호를 제거하여 용량을 증가시 키는 다중 접속 기술로 다수의 사용자를 같은 주파수 대역에서 동시에 할당하여 넓은 주파수 대역 활용이 가능하다. 이 기술은 각 사용자의 기지국으로부터 거리에 따른 Path Loss를 고려하여 거리가 가까운 사용자에게는 약한 출력으로 먼 사용자에게는 강한 출력으로 신호를 전송하고 SIC(Successive Interference Cancellation)를 통해 다른 사용자의 신호를 제거하는 방식이다. 하지만 SIC 방식 사용에 따라 복잡도가 증가하고, 동일 주파수 자원을 여러 사용자에게 할당함에 따라 셀 내 간섭에 취약하다.

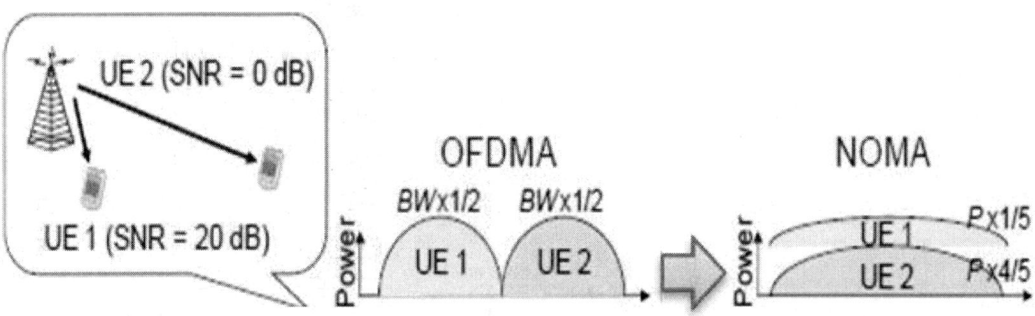

그림 8.8 NOMA와 OFDMA의 차이점

SOMA는 NOMA의 전송 방법과 동일하게 셀 내에서 사용자의 송수신 거리에 따라 출력을 다르게 할당하여 전송하지만 Gray Coding과 Maximum Likelihood 방식을 사용하여 복조 시 SIC 기법을 이용하지 않으므로 복잡도를 낮추는 방법이며, NOMA에 비해 복잡도는 낮지만 성능은 비슷하다.

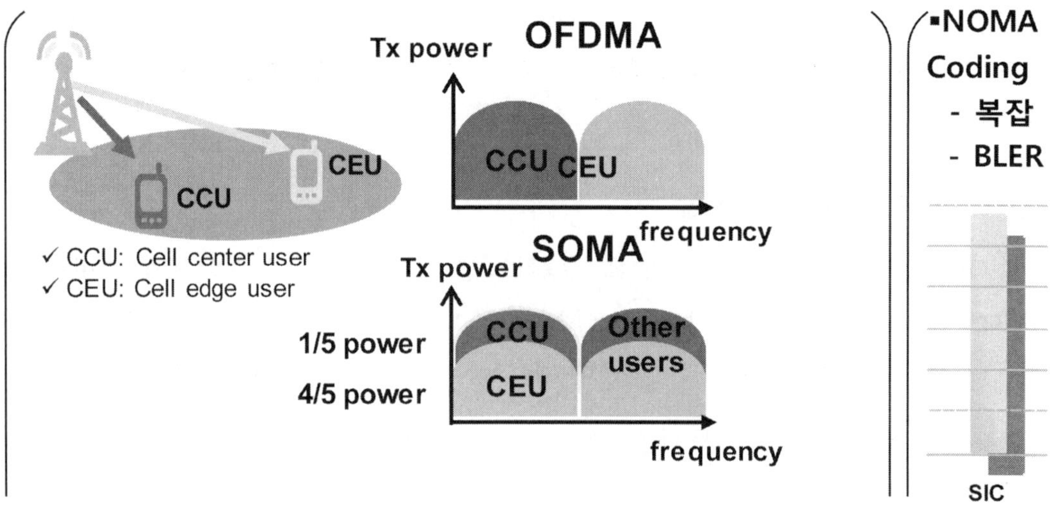

그림 8.9 SOMA와 OFDMA의 차이점

SCMA는 Multi-dimensional code book을 이용하여 주파수 효율을 높이는 다중 접속기술로 각 data stream마다 서로 다른 Multi-dimensional code book을 사용으로 자원의 중첩 할당이 가능하여 기존 LTE 기술에 비해 많은 기기의 수용이 가능하고 주파수 효율을 높일 수 있다.

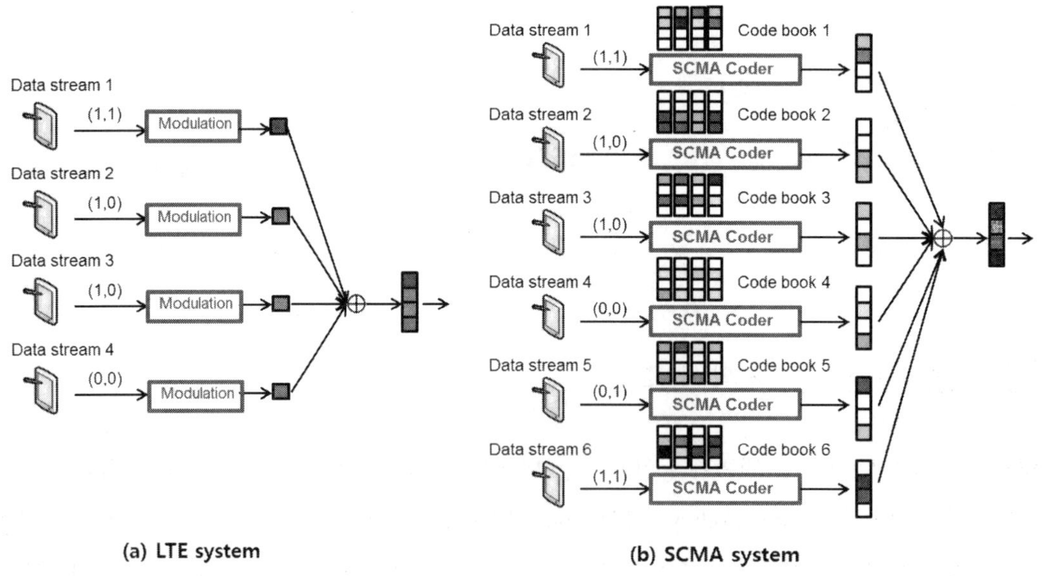

그림 8.10 SCMA와 LTE의 차이점

1.2.5 Full Duplex Radio

4G에 사용되는 두 가지 대표 송·수신 방식은 TDD(Time Division Duplex)와 FDD(Frequency Division Duplex)로 각각 시간 혹은 주파수 사용을 다르게 여 송·수신을 한다. 반면에 Full Duplex Radio는 같은 시간, 같은 주파수 자원에서 송·수신을 동시에 수 행하여 주파수 효율을 높이는 기술로 FDD 방식에 비해 주파수 효율을 최대 2배 증가시킬 수 있으며, 동일한 주파수상에서 같은 시간에 전송하므로 기존 TDD 방식에 비해서 Latency가 작다. 하지만 송·수신이 동시에 이루어짐에 따라 송신 신호가 수신 신호에 간섭으로 작용하므로 이를 제거하기 위한 Interference Cancellation 성능이 전체 성능을 좌우 할 것이다.

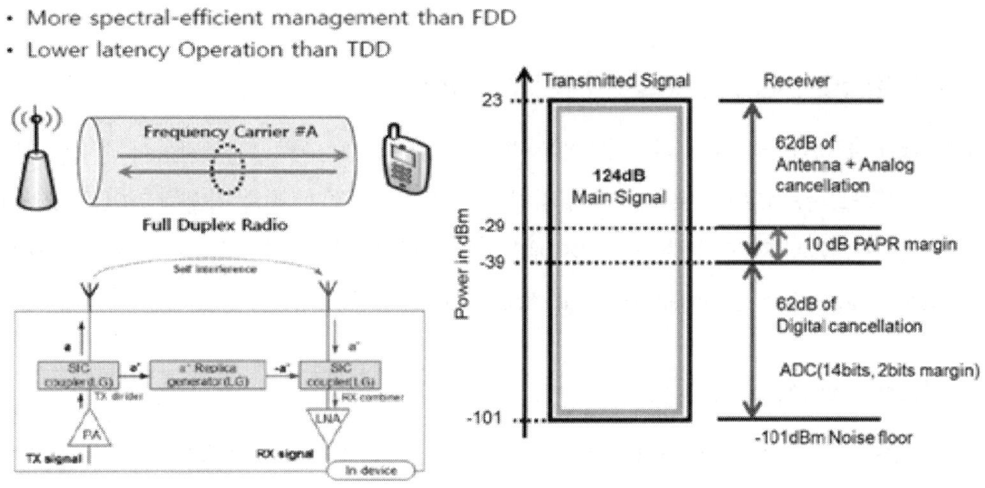

그림 8.11 Full Duplex Radio 동작

1.3 Low Latency Technology

Mission-Critical 서비스 수용을 위한 핵심 기술 조건 중 하나인 무선 구간 1ms Latency를 만족하기 위해 기존 LTE Frame의 최소 단위인 1ms TTI(Transmission Time Interval)에 비해 더 짧은 TTI를 사용하는 Short TTI 기술이 고려되고 있다.

3GPP에서 User-plane Latency는 Packet을 처리하는 기지국과 단말 사이의 단방향 지연을 의미하고, 차세대이동통신 Latency Requirement를 만족하기 위해서는 기지국, 단말 모뎀 Processing 성능, 재전송 RTT에 대한 고려가 필요하다. 이를 바탕으로 ITU-R에 기고된 LTE Latency [2]를 고려하여 무선 구간에서 1ms Latency를 만족하기 위한 신규 TTI를 계 산해보면 0.25ms 이하가 되어야 할 것으로 예상할 수 있다.

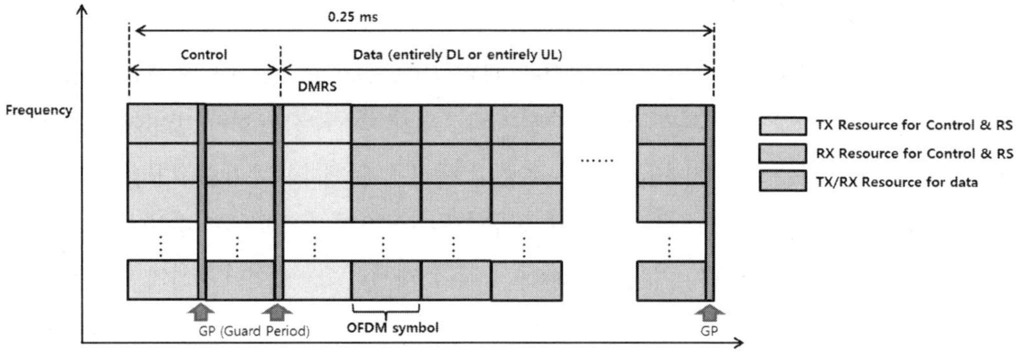

그림 8.12 New Radio frame 구조 예

1.4 Multi-Radio Access Technology

차세대이동통신 서비스가 제공되는 시기에는 4G, 5G, Wi-Fi 등 서로 다른 망들이 혼재할 것이며, 이러한 네트워크들을 효율적으로 사용하기 위해서는 서로 다른 무선 접속 기술들 간의 Coordination 기법이 필요하다. Multi-RAT 환경에서 사용자 체감 성능을 향상시킬 수 있는 기술로는 Dual Connectivity, LTE-Wi-Fi Integration, Licensed Assisted Access using LTE(LAA)가 주로 거론되고 있다.

1.4.1 Dual Connectivity

스몰셀의 성능 향상을 위해 3GPP Release 12에 도입된 Dual Connectivity(DC)는 코어 망과 non-ideal 백홀로 연결된 두 개 이상의 기지국(Master eNB, Secondary eNB)을 통해 단말이 서비스를 받는 기술이다.

이때 컨트롤 시그널링은 Master eNB(MeNB)를 통해서만 전송하고 데이터는 MeNB와 Secondary eNB(SeNB)를 통해 전송하는 Control/User-plane Split 구조를 갖는다. 이 기술의 동작을 위해서는 MeNB가 SeNB의 RRC 기능을 대행하기 위해 정보를 교환하는 Xn 인터페이스가 필요하다.

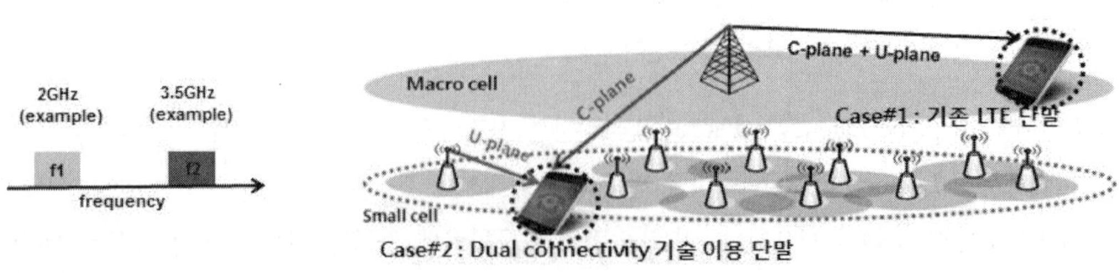

그림 8.13 Dual Connectivity 구조

DC는 M eNB가 바뀌지 않는 경우에는 핸드오버가 발생하지 않으므로 코어망의 시그널링 부하를 줄일 수 있으며 이동하는 단말에게 안정적인 서비스를 제공할 수 있는 장점을 갖는다. 또한 M eNB와 S eNB는 서로 다른 주파수를 사용하기 때문에 주파수 간의 간섭을 제거할 수 있고 무선 자원을 결합하는 효과를 얻을 수 있으므로 데이터 속도의 증가를 기대할 수 있다.

무선 자원을 결합한다는 점에서 기존의 CA와 유사해 보이지만 CA의 경우 Component Carrier들이 동일한 MAC 계층에서 HARQ 단위로 분리되지만 DC의 경우 eNB와S eNB가 RLC 계층에서부터 분리된 구조로 서로 다른 MAC 계층을 갖는 이종 기지국 간에도 쉽게 무선 자원을 결합하여 속도를 높일 수 있다.

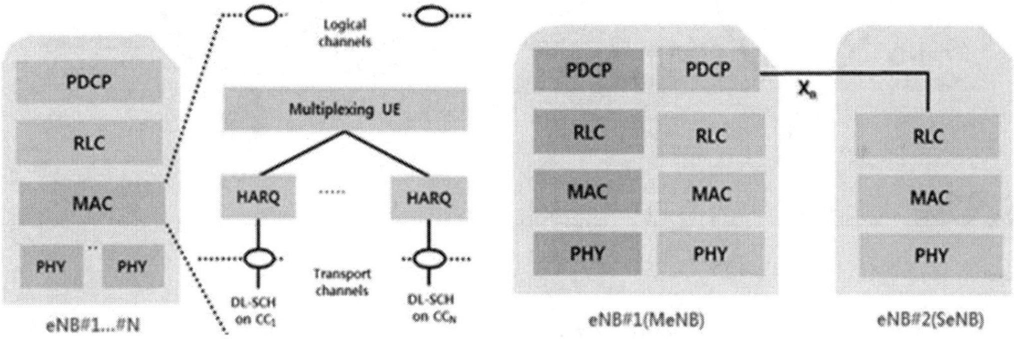

그림 8.14 Dual Connectivity와 Carrier Aggregation의 차이점

1.4.2 비면허 대역 활용 기술

전송 속도 향상을 위한 Wi-Fi와 4G 망과의 결합 기술 중 하나인 LTE-Wi-Fi Integration은 단말과 무선망 간 데이터 전송은 eNB와 AP 양측에서 발생하나 코어망과 무선망 간 시그널링 및 데이터 전달은 eNB만을 통해 처리되며, 데이터의 분리 · 결합, 스케줄링과 혼잡제어도 eNB가 수행한다.

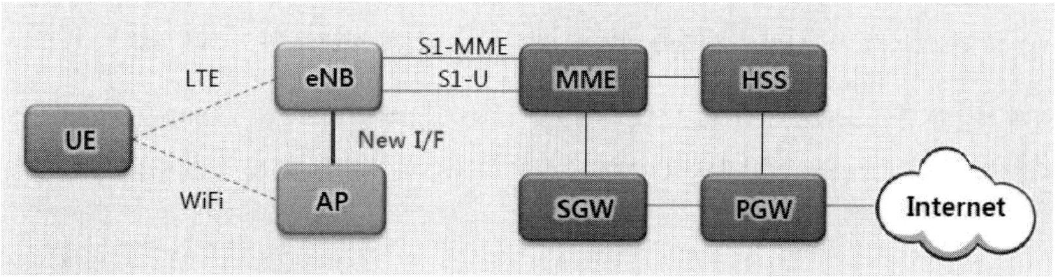

그림 8.15 LTE-Wi-Fi Integration

LAA는 비면허 대역과 기존 LTE 대역의 결합을 통해 속도를 향상시키는 기술로 면허 대역을 Primary Carrier, 비면허 대역을 Secondary Carrier로 활용하는 Carrier Aggregation(CA) 기술이다. 현재 비면허 대역에서 주로 활용하고 있는 Wi-Fi와의 공존 이슈 해결을 위해 Listen-Before-Talk(LBT) 기술 등에 대한 연구가 진행되고 있으며 비면허 대역은 대부분의 LTE 대역에 비해 사용하는 주파수가 높고 기지국 송신 전력이 낮아스몰셀 적용에 적합할 것으로 예상된다.

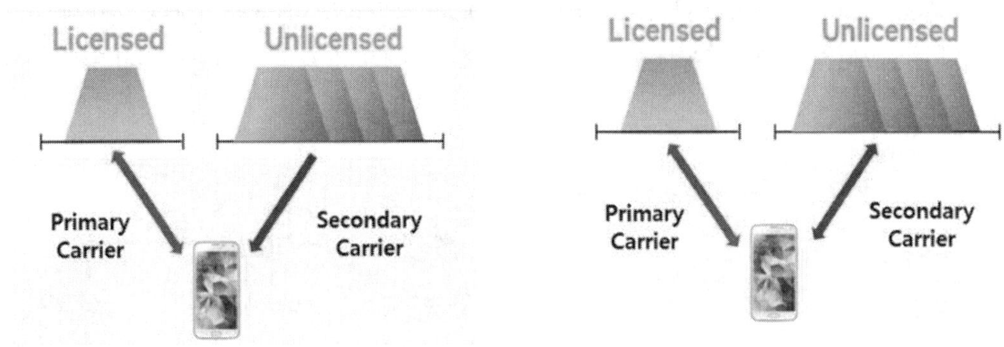

그림 8.16 Unlicensed LTE의 두 가지 시나리오

1.5 Massive Connectivity Technology

사물인터넷의 다양한 기기 장치들의 수용과 장치 간의 통신 지원을 위한 기술로는 Machine-Type Communication(MTC), Device To Device(D2D)를 들 수 있다.

가전 제품, 센서, 계측기 등과 같은 기계 장치가 LTE 네트워크를 이용하여 통신하도록 지원하기 위해서는 기지국은 수많은 기기들의 접속을 효율적으로 수용할 수 있어야 하며 기기의 모뎀 칩셋은 월등한 가격 경쟁력과 낮은 전력 소모 특성을 가져야 한다.

MTC(Release 12)에서 업링크, 다운링크 각각 1Mbps의 최대 속도를 갖는 UE Category 0 단말이 새롭게 정의되었고 이 단말은 모듈의 가격을 낮추고자 하나의 안테나 만을 사용한다.

현재 표준화 중인 enhanced MTC(eMTC)(Release 13)에서는 채널 대역폭을 1.4MHz로 제한하고 가격은 기존 UE Category 1 단말의 20~25% 수준을 목표로 하며 훨씬 더 넓은 커버리지 제공할 수 있을 것으로 예상한다.

[표 8.1] MTC, eMTC 단말 특성

	Cat-1	Cat-0(MTC)	eMTC	Further eMTC
3GPP	Rel-8	Rel-12	Rel-13	Rel-14
DL Throughput	10Mbps	1Mbps	1Mbps	~200kbps
UL Throughput	5Mbps	1Mbps	1Mbps	~200kbps
Rx Antennas	2	1	1	1
Duplex mode	Full duplex	Half duplex (opt)	Half duplex (opt)	Half duplex (opt)
Bandwidth	20MHz	20MHz	1.4MHz	200KHz
Tx power	23dBm	23dBm	~20dBm	~20dBm
Cost	100%	50%	25%	15~20%
MCL*	141dB	141dB	161dB	

D2D란, 서로 다른 단말기가 기지국을 거치지 않고 직접 통신을 하도록 지원하는 기술로서 단말 간 직접 통신을 통해 네크워크 사용률을 줄여 트래픽의 오프로딩 효과가 있다. D2D 기술은 3GPP Release 12에 포함되어 Proximity-based Service(ProSe)라는 명칭으로 2013년부터 재난망과 상업 용도의 Discovery와 Communication에 대한 표준화 작업 이 진행되었으며, 현재는 재난 상황에서의 그룹 통신과 네트워크 커버리지가 없는 경우의 단말 간 직접 통신에 관한 연구가 진행 중에 있다.

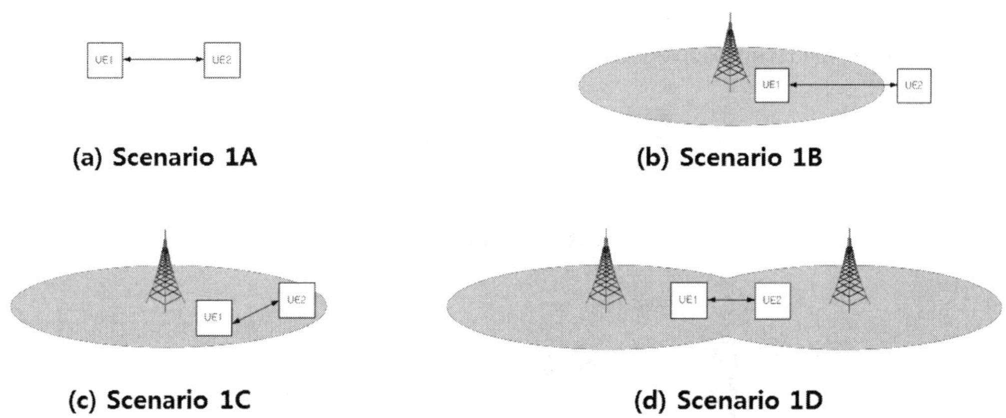

Scenarios	UE1	UE2
1A: Out-of-Coverage	Out-of-Coverage	Out-of-Coverage
1B: Partial-Coverage	In-Coverage	Out-of-Coverage
1C: In-Coverage-Single-Cell	In-Coverage	In-Coverage
1D: In-Coverage-Multi-Cell	In-Coverage	In-Coverage

그림 8.17 D2D 시나리오

IoT 서비스의 원활한 지원을 위해서는 MTC, D2D 등의 기술과 더불어 4G 대비 최대 10배까지 증가할 것으로 예상되는 단말을 수용할 수 있도록 대규모 연결성(Massive Connectivity)을 제공해야 한다. 4G에서는 다운링크의 제어영역인 PDCCH 자원 1ms당 최대 3개의 심볼만이 사용 가능하며 나머지 심볼은 모두 데이터영역(PDSCH)으로 사용해야 한다. 따라서 셀 내 사용자 수가 폭발적으로 증가하게 되면 이 PDCCH 자원이 먼저 고갈되어 사용자 수용 제약이 발생하므로 PDSCH 영역의 일부 자원을 PDCCH 자원으로 활용할 수 있게 하여 단말 수용 용량을 더욱 늘릴 수 있는 enhanced PDCCH(ePDCCH)(Release 11)가 제안되었다. ePDCCH 외에도 7.1.2절에서 언급된 FBMC, UFMC, NOMA, SOMA, SCMA 등 스펙트럼 효율 향상 기술의 적용으로 4G 대비 동일 대역폭에서 수용할 수 있는 단말 수를 크게 늘릴 수 있을 것이다.

1.6 Analytic 기반 Self-Organizing Network(SON)

기존의 액세스 망 구축은 망 설계 후 기지국 하드웨어 설치, 구성정보 입력, 코어망 연동, 소프트웨어 패키지 적용, 개통·인수 시험을 거쳐 상용 서비스 제공이 일반적인 절차로, 로그와 통계를 기반으로 고장, 성능 저하, 장애, 무선망 품질 등을 실시간으로 감시하고 있다. 그러나 현재 사업자당 약 20만 개 정도인 4G용 셀 수는 차세대이동통신 서비스가 본격화될 경우 5G의 상대적으로 좁은 커버리지, 기지국의 소형화를 고려할 경우 훨씬 늘어날 수밖에 없으며, 이 경우 셀 구축 및 운영비를 줄이기 위한 Self-Organizing Network(SON) 기술의 중요성은 더 증가할 것으로 예상한다.

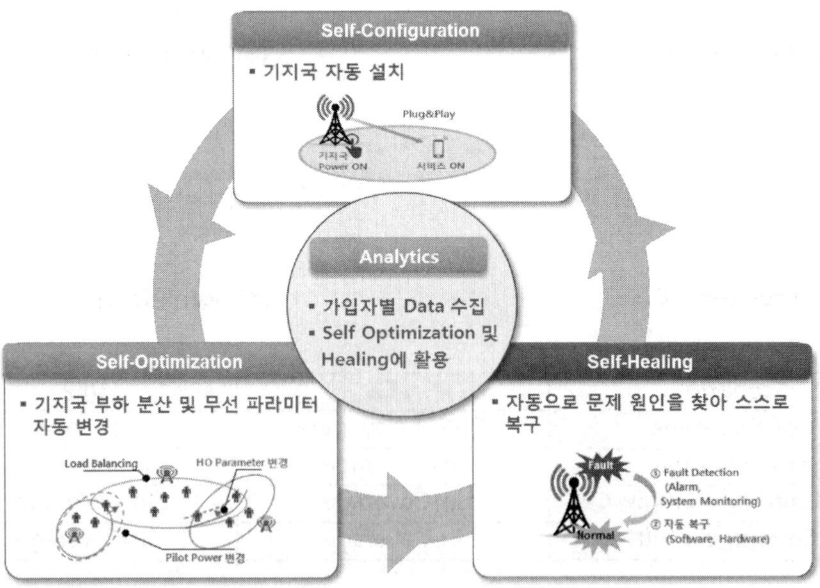

그림 8.18 Advanced SON

SON은 기지국 설치를 자동으로 할 수 있도록 도와주는 Self-Configuration, 운영 최적화에 도움을 주는 Self-Optimization, 장애 발생 시 자동으로 복구할 수 있는 Self- Healing의 3가지로 요약할 수 있다.

Self-Configuration은 Plug & Play 기능으로 기지국을 설치하고 전원을 켜면 시스템 구성 정보, 파라미터 설정, 코어망과의 연동을 자동으로 수행하여 설치와 동시에 서비스를 할 수 있도록 하는 기술이다. 자동으로 IP주소 및 인터페이스를 설정하고 소프트웨어 패키지 다운로드를 수행한다. 또한 PCI와 같은 초기 구성 정보, 네이버 데이터와 파라미터를 획득하여 자동으로 설정함으로써 운영자의 실수나 미숙으로 인한 설정 오류를 원천적으로 방지할 수 있으며 운영비용 또한 절감할 수 있다.

Self-Optimization 기능은 주변의 무선 환경을 지속적으로 측정하여 상황 변화에 따라 네트워크의 운영, 전력, 핸드오버 파라미터들을 최적화하는 것을 의미하며 Mobility LoadBalancing(MLB), Mobility Robust Optimization(MRO), Coverage and Capacity Optimization(CCO)이 주요 요소이다.

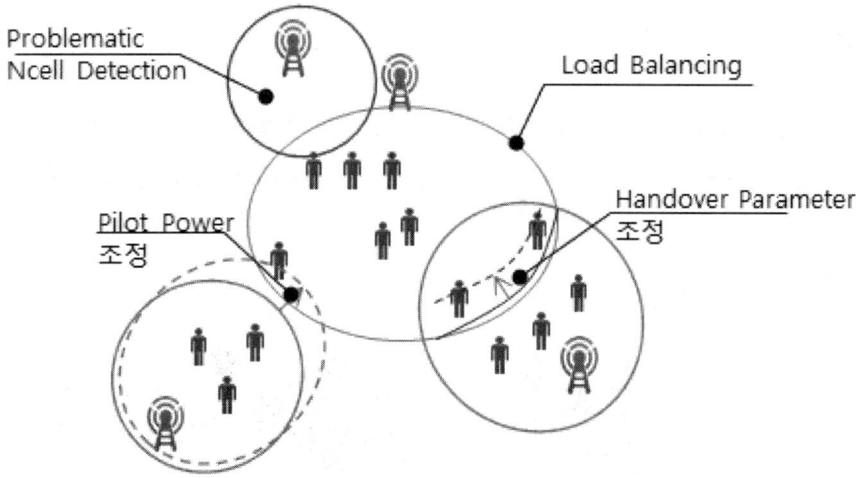

그림 8.19 무선 파라미터 최적화 기능

MLB는 Resource Block 사용량과 가입자 수를 기반으로 셀의 부하를 판단하고 부하가 높은 셀의 단말을 다른 주파수를 사용하는 부하가 낮은 셀로 핸드오버시켜서 과부하 셀의 부하를 줄이는 기능이다. MRO는 단말의 이동 속도에 맞추어 핸드오버 파라미터를 자동으로 변경하고, CCO는 특정 셀의 커버리지를 조정할 필요가 있을 경우에 운영자가 최적화하고자 하는 알고리즘을 적용하여 기지국의 출력과 안테나의 Tilt 값을 변경한다.

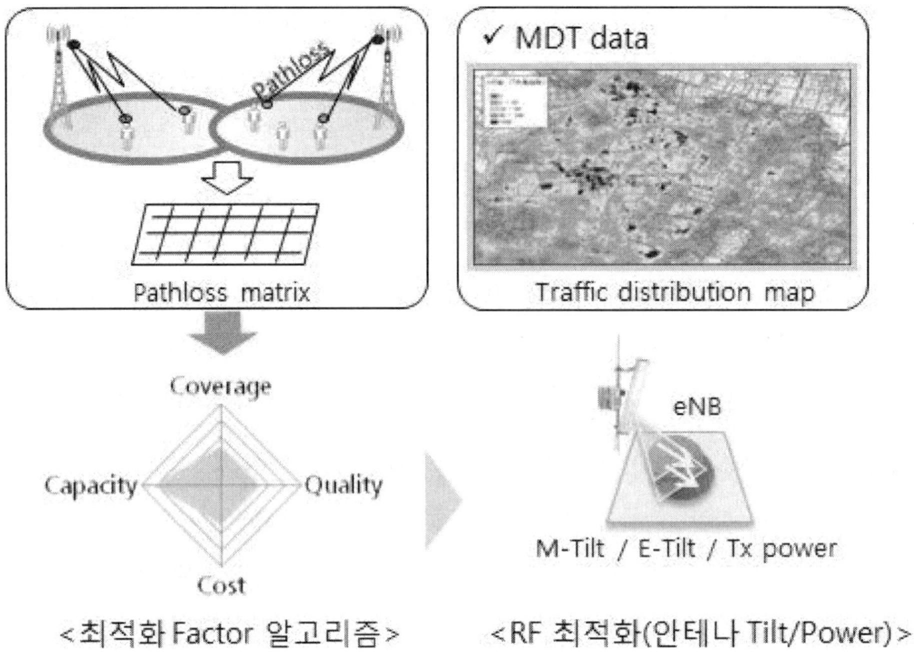

그림 8.20 CCO RF 최적화 기능

Self-Healing은 장애 알람이 발생하거나 KPI 모니터링을 통하여 특정 셀의 품질이나 성능의 저하가 검출된 경우 리셋을 통한 자동 복구 또는 주변 셀의 도움으로 Cell outage를 회복하는 기능이다.

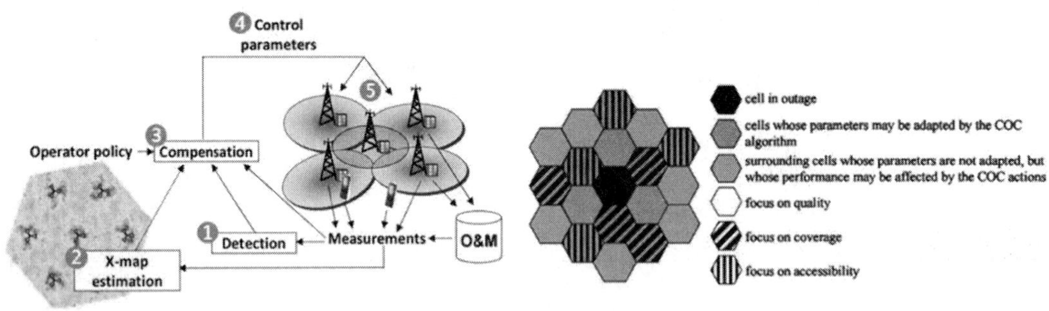

그림 8.21 Self-Healing of Cell Outage동작 Process

SON은 위 기본 기능 외에 기지국의 호 통계, 가입자별 로그, 가입자의 무선환경을 알 수 있는 MDT 로그, 그리고 위치 정보 등을 수집·분석함으로써 정확한 투자 위치 찾기, 최적 무선망 파라미터 도출, 가입자의 불만콜 해결에도 활용할 수 있는 수준으로 진화할 것이다.

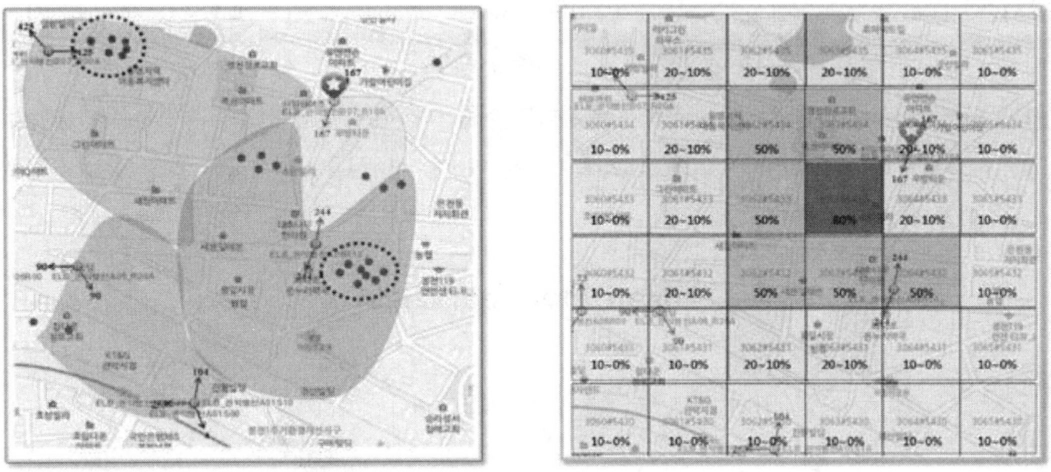

그림 8.22 Defect 위치 제공 / Grid 단위 트래픽 사용량 제공

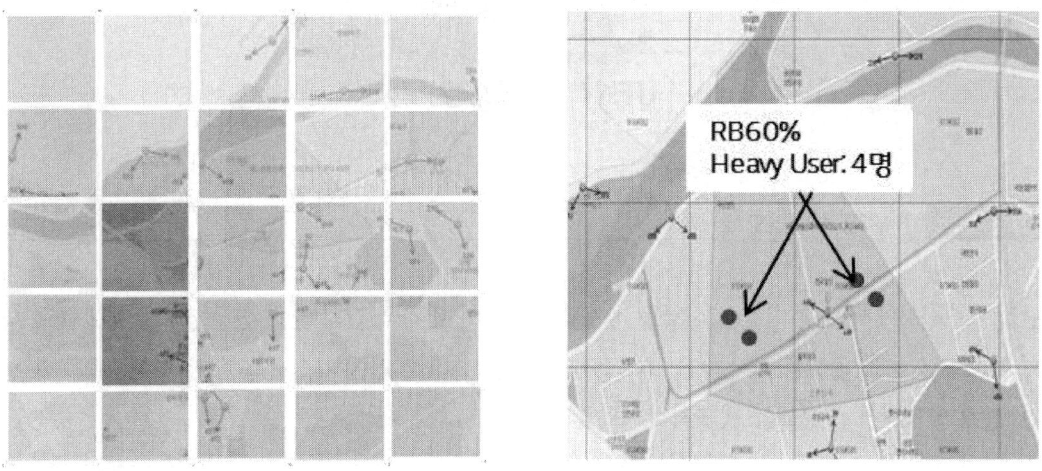

그림 8.23 Grid별 Max THP 통계 / 트래픽 유형 분석

1.7 Interference Cancellation

셀 밀도의 증가, 접속 단말 수의 증가, 고속 수용을 위한 좁은 빔폭의 사용으로 간섭의 양과 수준 또한 증가할 수밖에 없다. 특히 홀로그램, 8K UHD 와 같은 높은 속도를 요하는 서비스, Mission critical 서비스의 경우 간섭 신호의 세기가 일정 수준을 넘어설 경우 차세대이동통신의 장점인 고속, 초저지연 제공이 사실상 어려우므로 망 성능 열화 방지를 위한 간섭 제거가 매우 중요하다.

NAICS(Network-Assisted Interference Cancellation and Suppression)는 백홀을 통해 간섭 신호 제거에 필요한 인접 셀의 UE에 할당되는 스케줄링 정보, 하향링크 제어 정보를 네트워크 보조 정보(Network Assisted Information)로서 교환하고 이를 이용해서 간섭 신호를 제거하는 기술이다. 그림 8.24에서 UE1의 수신에 UE2의 신호가 섞여서 수신될 경우 UE2의 신호는 셀 간 간섭 신호로 작용한다.

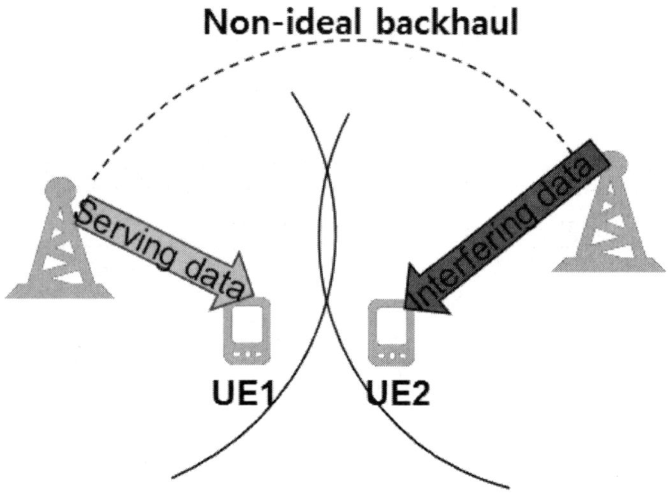

그림 8.24 NAICS 시나리오

단말기 수신부에서 단말기 간섭 신호를 제거하기 위하여 기지국 간의 신호 전달 경로인 백홀을 통하여 네트워크 보조 정보를 전달하고, 원하는 신호를 검출하기 전에 간섭신호를 제거해 줌으로써 셀 간 경계 영역에서 수신율을 향상시킬 수 있다.

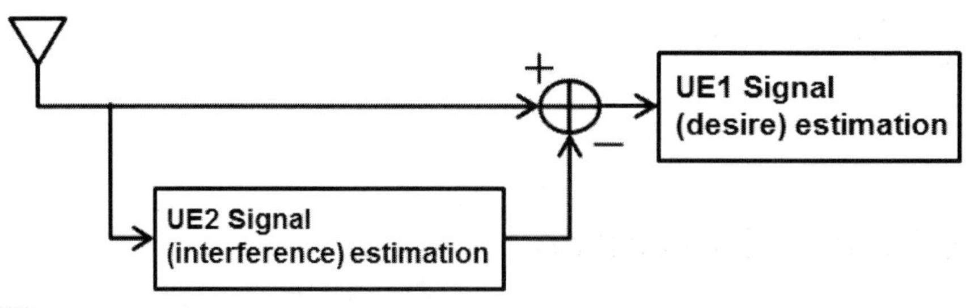

그림 8.25 NAICS 수신기 개념도

셀 간 간섭뿐만 아니라 셀 안에서 SU-MIMO 또는 MU-MIMO를 사용할 때 서로 다른 안테나에서 전파되는 신호들의 간섭을 NAICS를 이용하여 제거할 수 있기 때문에 망 성능의 향상을 기대할 수 있다.

1.8 Virtualized Radio Access Network

LTE 기지국은 제조사가 만든 전용 하드웨어 기반으로 Digital Unit(DU)과 Remote Radio Head (RRH)로 구성되어 있다. DU 하나에 6~18개의 RRH를 연결할 수 있는 구조로 설계되어 있어 RRH를 연결할 포트가 부족할 경우 DU 자원에 여유가 있더라도 DU 증설이 필요한 경우가 있어, 기지국 자원을 효율적으로 활용하기 위해서는 Pooling 가능한 가 상화 기지국 구조가 필요하다.

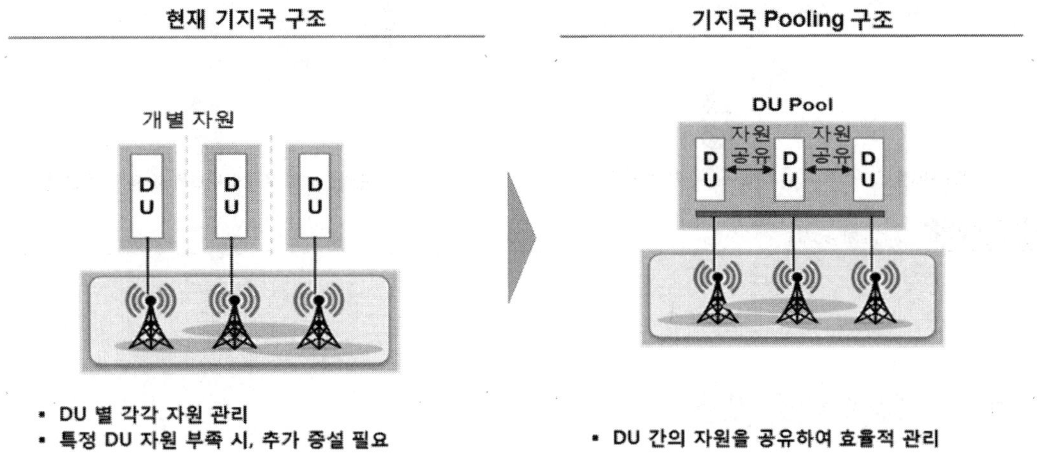

그림 8.26 기지국 Pooling

가상화 기지국은 범용 서버에 DU 소프트웨어를 적용하여 대용량의 DU를 만들고 수백대의 RRH를 연결할 수 있는 기지국 기술로 DU의 프로세서 자원 활용률을 높임으로써 네 트워크 투자비와 운영비를 절감할 수 있다.

가상화 기지국은 Physical layer, MAC layer, Layer3를 모두 가상화시키는 방식과 MAC layer, Layer3는 가상화하고 Physical layer는 RRH에 구현하는 방식이 있다. 세 계층을 모두 가상화하는 방식은 DU의 대용량화로 인한 성능 이슈와 CPRI로 구현되는 프론트홀에서의 대량 트래픽 처리가 관건이다. 완전 가상화는 아니지만 이보다 구현이 상대적으로 용이한 방식으로 MAC layer, Layer3는 가상화하고 Physical layer는 RRH에 구현하는 구조가 우선적으로 논의되고 있는데, 이 경우 DU 기능을 처리하는 서버의 성능 부담과 DU와 RRH 간 프론트홀의 트래픽 전송 부하를 줄일 수 있다.

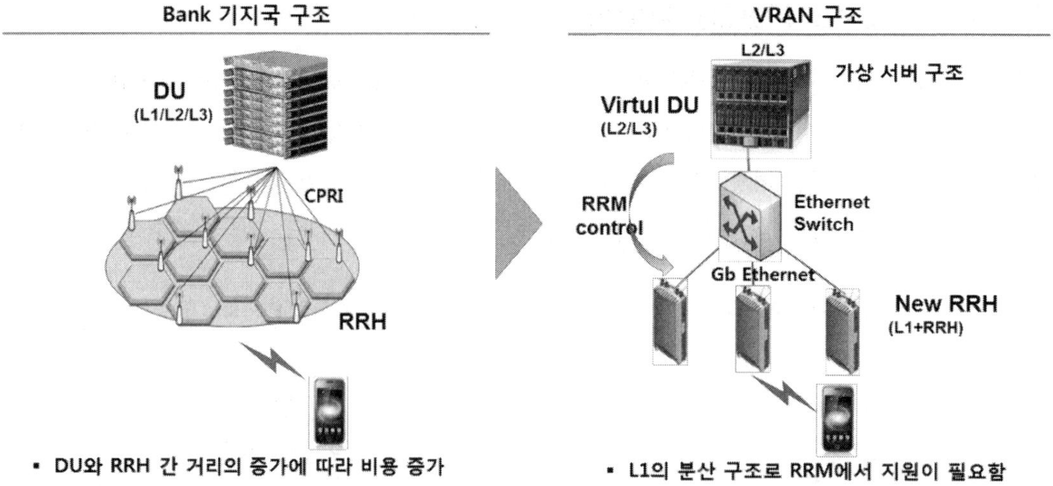

그림 8.27 Virtual RAN

2. 유선 네트워크

2.1 Packet & Optic Integration

차세대이동통신 서비스를 위한 무선 및 코어 기술에 대한 논의는 활발히 진행되고 있지만 eNB와 코 어망 간, 국사와 국사 간 차세대이동통신 트래픽을 전달하는 백홀에 대한 논의는 미미한 편이다.

현재 백홀은 Packet 장비와 Optic 장비로 각각 구성하여 운영 중인데 향후 차세대이동통신 서비스 요구사항인 셀당 최대 20Gbps 대용량 트래픽을 비용 효율적으로 수용하기 위해서는 두 장비를 어떻게 통합하는지가 중요하다.

Packet 기술과 Optic 기술은 개별적으로 발전하면서 하나의 기술로 융합되는 모습을 나타내고 있다. Packet 기술의 대표 요소인 IP/MPLS는 전송 특성(50ms 이내 보호절체, OAM)을 강화한 MPLS-TP 기술로 발전해왔고 ROADM과 통합하는 POTN 기술로 발전 진화하고 있다. Circuit 기술인 SDH는 MSPP(2005년)에서 정체된 후 OTN 기술로 발전하고 있으며, Optic 기술은 OADM과 ROADM을 거쳐 CDCF(Colorless, Directionless, Contentionless, Flexible Grid) 기능 제공이 가능한 NG-ROADM으로 발전하고 있다.

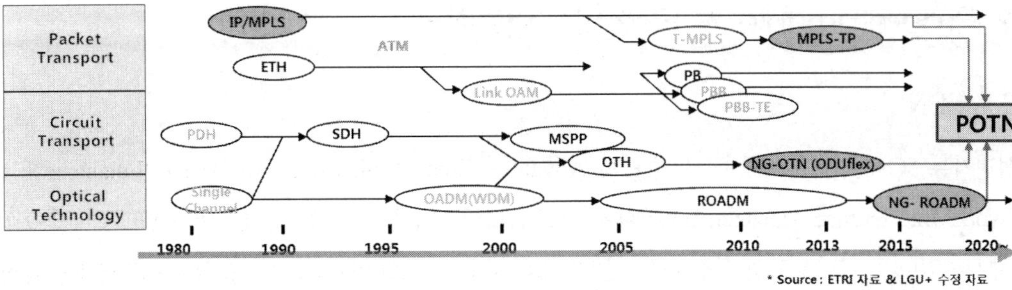

그림 8.28 Packet Optic 기술 로드맵

POTN 장비는 Huawei, Ciena, Ericsson, 코위버 등의 (ROADM + OTN + MPLS-TP)와 IP/MPLS가 분리된 유형, Cisco의 (ROADM + OTN + MPLS-TP + IP/MPLS) 일체형이 있는데, 두 장비군 모두 Control Plane은 T-SDN으로 개발 및 상용화를 준비하고 있다.

LG유플러스는 원가 절감, 망 효율 증대, 에너지 절감을 할 수 있는 All in One Platform인 POTN으로의 진화를 준비하고 있는데, POTN은 IP/MPLS, MPLS-TP, OTN & ROADM 3계층을 통합하는 구조로서 하나의 플랫폼, 단순한 네트워크 구조로 트랜스포트층 계위를 단순화하고 통합할 수 있는 장점이 있다.

POTN의 도입으로 단위 인터페이스를 기존 100GE에서 400GE~1TE로 4~10배 고속화하고자 하며 TDM 인터페이스와 이더넷 인터페이스로 유입된 트래픽을 분리해서 처리하지 않고 One Chip에서 처리함으로써 Packet 처리 효율을 향상시키고자 한다.

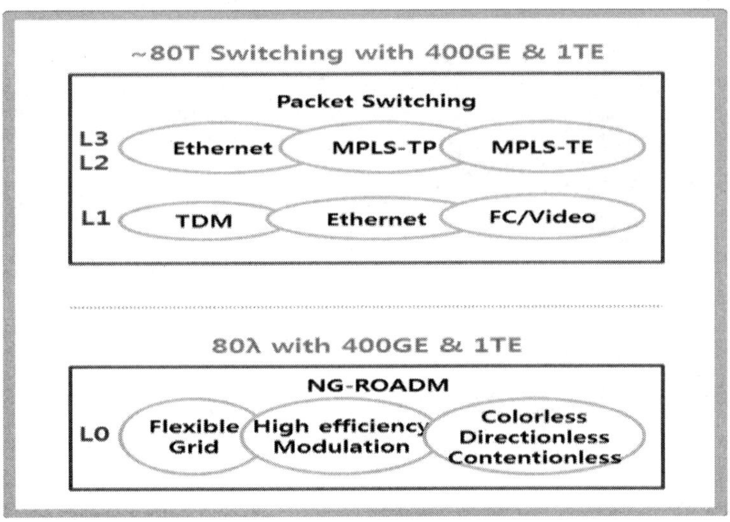

그림 8.29 패킷 광 통합 장비

2.2 Programmable & Flexible 네트워크

2.2.1 SDN

삼성전자는 5G에 필요한 8대 핵심 기술 중 Advanced Small Cell, Device to Device, Enhanced Flat Network, Interference Management 등에서 네트워크의 유연한 제어와 관리를 위해 SDN의 필요성을 제시하였다[5]. 클라우드의 확장, IoT 디바이스의 수용등으로 네트워크의 규모와 복잡도가 통제하기 어려운 수준으로 증가하고 있는데, 집중 제어 기 능을 가진 자동 제어 네트워킹 기술인 SDN이 5G의 최적 네트워크 기술로 고려되고 있다.

SDN에 대한 단순 정의는 트래픽 경로를 지정하는 Control Plane과 트래픽 전송을 수행하는 Data Plane을 분리하고, 개방형 API를 통해 네트워크의 트래픽 전달 동작을 소프트 웨어 기반의 컨트롤러에서 제어・관리하는 것이다.

기존 네트워크 구조와 다르게 SDN에서는 네트워크 장비는 데이터 전송 기능만을 수행하고, 장비 제어는 별도의 중앙 집중화된 소프트웨어 기반의 SDN Control Layer에서 구현 한다. 이를 통해 전체 네트워크에서 최적의 경로 제공할 뿐만 아니라 개방형 API를 통해 물리적・논리적 네트워크 망을 제어・관리함으로써, 사용자의 의도에 따라 망을 유연하게 최적화할 수 있고 관리 비용도 절감할 수 있다.

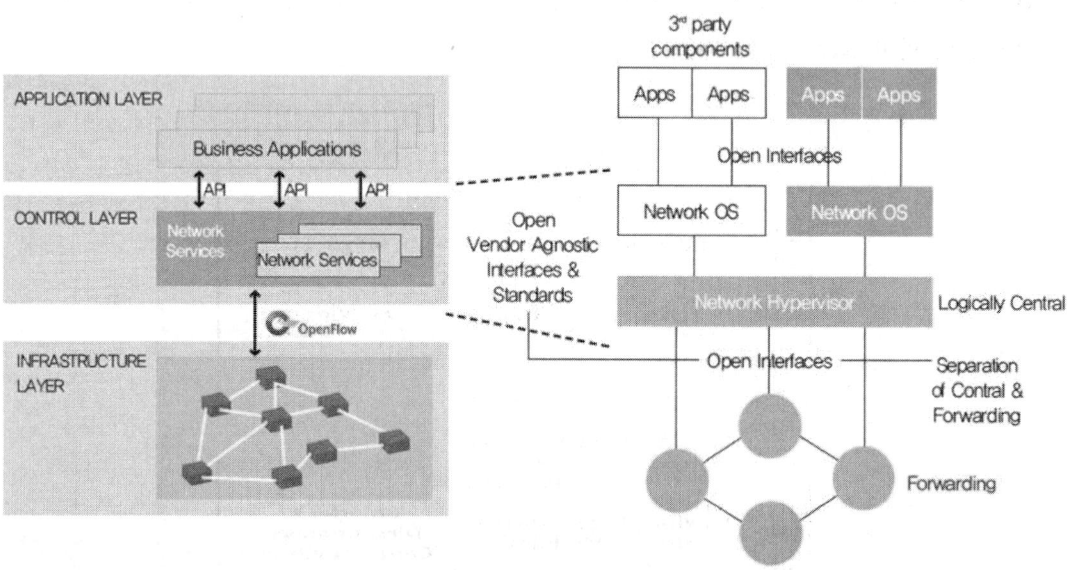

그림 8.30 SDN 아키텍처

SDN Control Layer의 SBI(SouthBound Interface) 기술로는 Openflow, OVSDB, Netconf/YANG, BGP-LS, PCEP 등이 논의되고 있으나, 데이터센터, 백본망, 가입자망에 따라 요구되는 적용 환경이 서로 다르므로 이를 고려하여 적정한 기술을 선택해야 한다.

데이터센터는 네트워크 가상화를 위해 Openflow, OVSDB 등을 활용하고, 백본망과 가입자 망에서는 체계적이고 자동화된 망 운영 및 관리를 위해 Netconf/YANG, BGP-LS 등을 적용하는 것이 효과적일 것이다.

SDN에 요구되는 주요 기능은 정보 분석, 보안 애플리케이션과 연동된 컨트롤러 기반의 중앙 집중 관리 및 제어, 서비스 간 Orchestration과 Automation, 3rd Party를 위한 개방형 인터페이스의 제공이다.

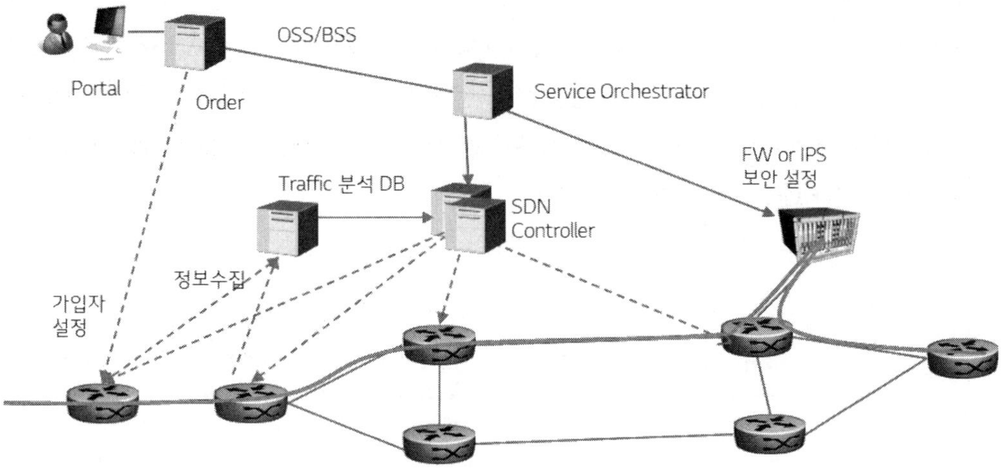

그림 8.31 트래픽 분석 및 보안서비스와 연계된 SDN 적용 예

향후 NFV 기반의 인프라 가상화 추진 시 SDN은 상호 보완적인 역할을 수행할 수 있으며, SDN은 가상화 또는 물리적 구성 요소의 추가나 변경이 필요한 경우 네트워크를 즉시 설정할 수 있다. 또한 SDN Control Layer NBI(NorthBound Interface)로 OSS · BSS에 연동하고, NFV API를 통해 NFV에 구현된 VM과 연동함으로써 One Click으로 End-to-end 서비스를 제공할 수 있다.

2.2.2 Transport-SDN

T-SDN은 Transport 네트워크 관리의 개방화 및 자동화, 중앙 집중화로 사용자가 편리하게 네트워크 자원을 관리할 수 있도록 하여 전용회선 서비스를 유연하게 제공하는 기술이다.

2013년부터 본격화된 T-SDN은 중앙에서 다계층, 이종 장비들을 통합 제어하여 네트워크 자원의 활용률을 높일 수 있는데 이를 통해 신규 장비의 증설을 최소화하여 네트워크 관리 비용을 절감할 수 있고, 네트워크 장애 및 트래픽 과다로 병목현상 발생할 때에도 신속하게 트래픽을 분산시킬 수 있다. 또한 애플리케이션층과 연동하여 기존 통신사업자 중심의 서비스에서 고객 중심의 맞춤형 서비스를 제공하기에 유리하다.

예를 들어 다계층과 이종 장비로 구성된 네트워크 환경에서 End-to-End 전용회선을 프로비저닝할 경우 기존에는 벤더별 EMS에서 해당 장비와 연동 구간을 각각 설정해야 하기 때문에 수 일에서 수 주가 소요되었는데, T-SDN 구조에서는 중앙에서 통합 제어를 할수 있어 수 분 내로 프로비저닝 작업을 완료할 수 있다.

T-SDN은 애플리케이션, 제어, 인프라스트럭처의 3개 계층으로 구성되어 있으며 각 계층 별 구성 요소는 사업자의 T-SDN 방향성에 따라 상이할 수 있다. 가장 중요한 기능을 담당하는 컨트롤러는 인프라스트럭처와 애플리케이션 계층과 연동하고 애플리케이션 계층의 요구사항에 따라 인프라스트럭처 계층을 통합 제어하는 역할, 다양한 기종과 벤더로 구성된 네트워크 장비들과 애플리케이션 간을 연동하기 위한 Gateway 역할을 수행한다.

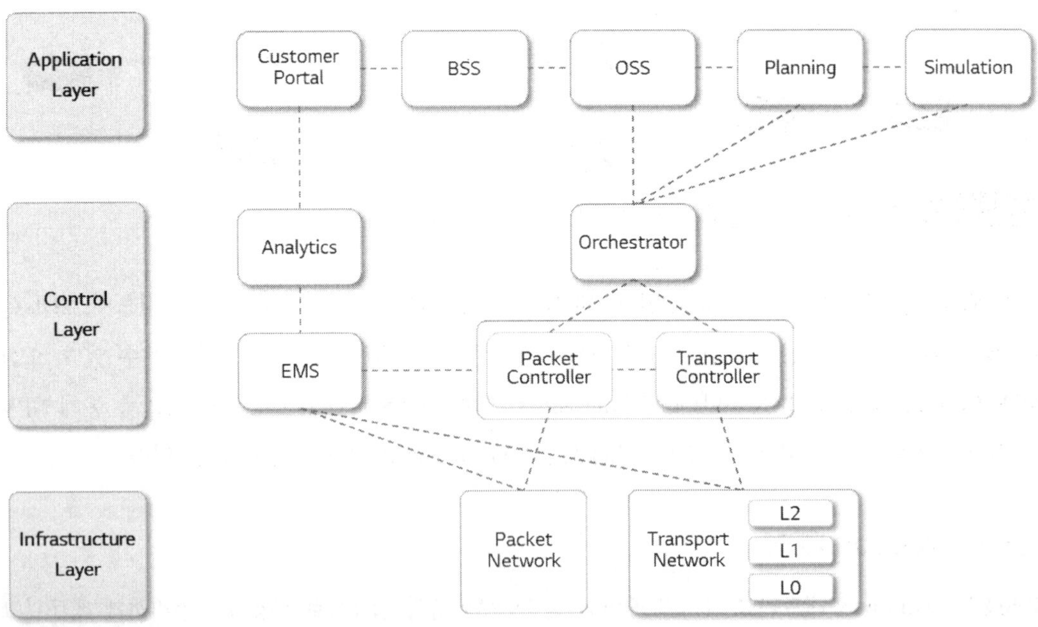

그림 8.32 T-SDN 아키텍처

제어 계층은 일반적으로 성격이 다른 Transport/Packet 네트워크별 특성에 맞도록 컨트 롤러를 분리하고 이를 다시 연동 통합하는 Orchestrator를 통해 애플리케이션 계층과 연동한다. 컨트롤러와 Orchestrator 간 인터페이스는 RESTful이 주로 언급되고 있으며, 컨트롤러와 EMS 간 인터페이스는 기존 EMS와의 연동도 고려해야 하므로 벤더의 독자적인인터페이스 수용까지 고려해야 한다. 애플리케이션 계층에는 일반적으로 OSS가 위치하나 사업자의 요구 및 필요에 따라 다양한 구성요소가 존재할 수 있다.

이동통신사에서 계획하고 있는 T-SDN 구조의 구성 요소에서 Analytics는 인프라스트럭 처 계층의 트래픽량, 트래픽 Class별 분석 결과와 Class별 트래픽량 통계 정보를 고객에게 공하는 구성 요소이며, Customer Portal은 고객이 사용하는 회선의 상태와 분석된 정보를 확인하고 직접 서비스를 신청할 수 있는 요소이다. 고객이 서비스를 신청할 경우 과금 은 BSS를 거쳐 OSS와 연동해 처리하며, Planning에서는 인프라스트럭처 계층의 네트워크장비 구성 요소(샤시/카드/광모듈 등)를 관리하여 망 설계 시 부족한 물량을 확인할 수 있다. Simulation 요소에서는 현재 망 구조에서 작업 시 발생할 수 있는 장애를 가상으로 재연하여 실제 장애가 발생할 경우 어떤 Trunk에 트래픽이 몰리는지 예측할 수 있다.

2.3 Efficient High Speed Access

매년 20~30%씩 꾸준히 증가하는 트래픽을 안정적으로 처리하기 위하여 이동통신사는 현재 100 Mbps~1Gbps 속도인 가입자망을 10Gbps 기반으로 대용량・고속화하고자 하며 10G Ethernet, NG-PON2, DOCSIS 3.1이 중점 기술이다.

2.3.1 10G Ethernet 기술

10G Ethernet 기술은 2002년에 IEEE에서 표준화가 완료되어 현재 집선 계위 이상의 국산 L3 스위치에서 이미 사용 중이며, 미래창조과학부의 중장기 전략에 따라 2020년10기가급 서비스가 출시되면 L2 스위치에도 확대 적용 예정이다[6].

2.3.2 NG-PON2 기술

NG-PON2 기술은 국제 표준화 기구인 FSAN(Full Service Access Network)에서 10G GPON(XG-PON) 표준 완료 이후에 표준화를 추진하고 있는 차세대 광가입자망 기술로 TWDM-PON(Time and Wavelength Division Multiplexing-PON)이 대표적이다.

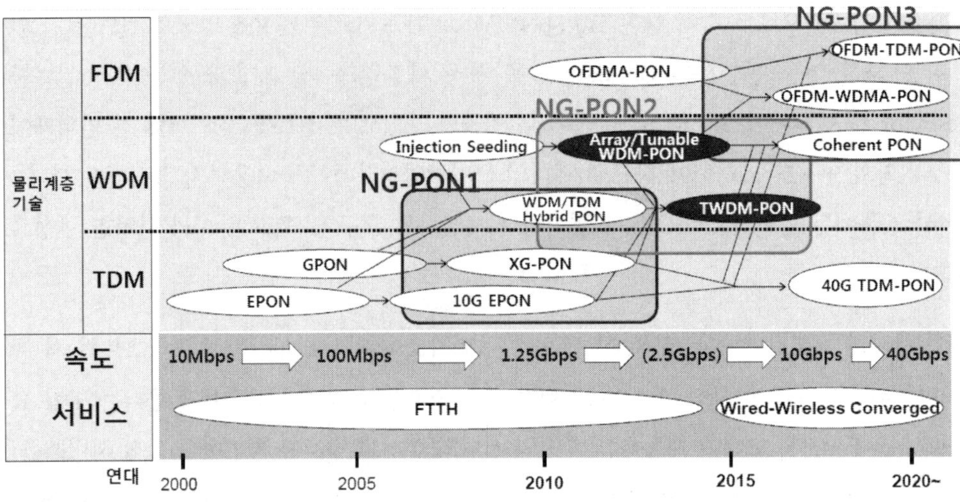

그림 8.33 광 가입자 표준화 기술 로드맵

TWDM-PON은 OLT와 원격지에 위치한 ONT 간에 WDM(Wavelength Division Multiplexing) 기술을 사용하여 광섬유 사용 효율을 올리고, OLT와 ONT 간 파장 가변 송·수신 기술을 사용하여 네트워크의 트래픽 상황에 따라 통신파장을 변경할 수 있다.

OLT에서 ONT로 전송되는 하향 신호의 용량을 40G이상 지원하기 위하여 파장이 다른 4개의 광신호를 WDM 방식으로 송신하고 파장당 10Gbps의 전송 속도를 사용한다. ONT에서 OLT로 전송되는 상향 신호는 파장당 2.5Gbps 전송 속도로 하향 신호와 같이 4개의 광신호를 사용한다.

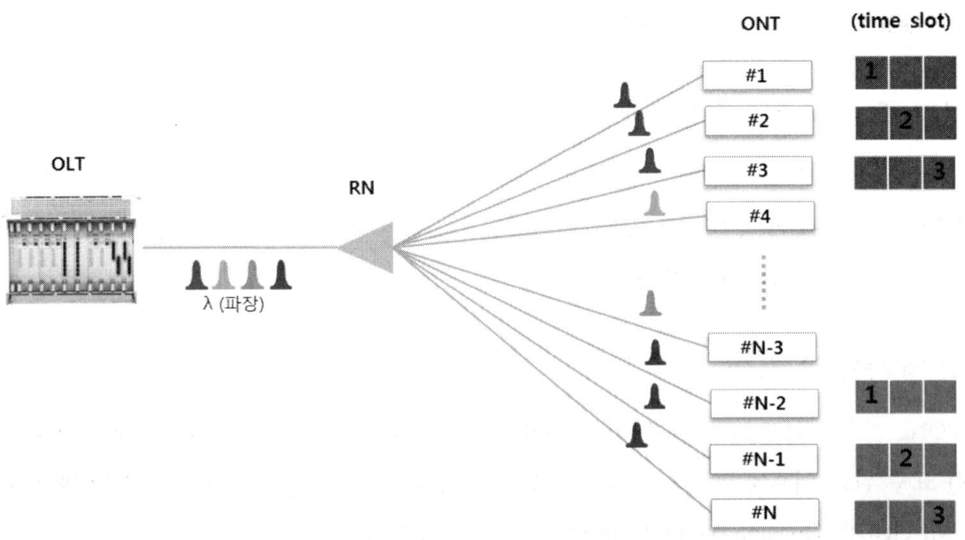

그림 8.34 TWDM-PON 구성도

또한 WDM 방식을 사용하므로 ONT 광트랜시버는 하향 4파장의 광신호 중에 하나의 광신호를 선택하기 위한 파장가변 광수신기와 상향 4파장 중 할당된 하나의 파장으로 상향 신호를 송신하기 위한 파장가변 광송신기를 사용한다.

국내에서는 ETRI에서 저가의 광트랜시버를 위한 파장 가변 레이저, 10G급 트랜시버, NG-PON2용 광트랜시버의 저가화를 위해 어레이 광모듈, CMOS 포토닉스 반의 광송수신 모듈, 그리고 G.989.3에 부합하는 TWDM-PON용 MAC 칩셋을 개발하고 있으며 2016년까지 상용화할 것으로 예상된다.

2.3.3 DOCSIS 3.1 기술

DOCSIS(Data Over Cable Service Interface Specification) 3.1 기술은 미국의 케이블 서비스 관련 연구 기관인 CableLabs에서 HFC망의 경쟁력을 강화하기 위하여 2014년 10월에 제정한 표준으로 FTTH를 기반으로 한 기가 서비스에 대응하기 위해 HFC망에서 최대 10Gbps 통신 서비스가 가능하다.

DOCSIS 3.1에서는 고효율 전송과 대용량 데이터 전송을 위해 단일 전송 채널의 주파수 대역폭을 하향 최대 192MHz, 상향 최대 96MHz로 늘렸고 전송 방식으로 OFDM(Orthogonal Frequency Division Multiplexing)을 채택하였다. 이를 통해 하향 최대 4096QAM과 상향 최대 1024QAM을 적용하여 스펙트럼 효율을 최대 50% 이상 향상시켰다.

주파수 대역 또한 기존 5~85MHz까지 지원하던 상향 채널 주파수 대역은 5~204MHz로, 하향 채널 주파수 대역은 108~1002MHz에서 258~1218MHz로 확장하였고 258~1794MHz까지 선택적으로 사용할 수 있도록 하고 있다.

초기에는 기존 CMTS의 소프트웨어 업그레이드 또는 Add-on 형태로 하드웨어 모듈을 장착하여 본 기능을 제공할 것으로 예상하고, 2018년 이후에는 신규 하드웨어 기반의 대용량 카드가 본격적으로 출시될 것으로 예상한다.

제 9 장

IoT 코어 네트워크 시스템

1. 코어 네트워크

1.1 효과적인 자원 할당

IoT 디바이스의 확대에 따른 방대한 커넥션에 의한 시그널링 부하 대응, 고속을 요하는 실감·몰입형 서비스 수용을 위한 라우팅, 패킷 분석, 카운팅 등의 패킷 처리 부하 증가의 효율적 처리, 하나의 UI를 통한 간편하고 체계적인 운영, 그리고 디바이스 종류별 트래픽 패턴에 맞는 최적화된 자원 할당 후보 기술로 NFV, Orchestration, Edge Cloud를 꼽을 수 있다.

1.1.1 NFV

NFV는 하이퍼바이저를 통해 범용 서버의 CPU, 메모리, 디스크 등의 하드웨어 자원을 가상화하고 네트워크 기능을 가상 머신으로 구성하는 기술로, 특정 하드웨어만을 채택해야 하는 종속성을 해소하여 저렴한 범용 서버 활용을 가능하게 하고 소프트웨어 개발사 간 경쟁 유도를 통해 투자비와 개발비 절감 가능성을 높일 수 있을 것으로 예상한다.

시간·지역별 부하율, 트래픽량에 따라 하드웨어 자원을 단위 기능별로 자유롭게 할당·회수 할 수 있어 망 운영 효율을 높이고 디바이스 특성에 따른 가상의 전용망 구성이 용이하며, 가상화된 자원 Pool 위에 애플리케이션 설치만으로 새로운 기능을 도입할 수 있어 서비스 제공에 필요한 시간을 크게 단축할 수 있을 것으로 생각한다.

그러나 가상화 계층 경유로 인한 부하 때문에 패킷 처리 성능이 감소할 수 있는데 이를 보완하기 위해 애플리케이션이 네트워크 카드 등의 하드웨어에 직접 접근할 수 있게 해주는 '단일 경로 입출력 가상화(SR-IOV)', 고속의 패킷 처리를 가능하게 해주는 '데이터 플레인 개발 도구(DPDK)' 기반의 애플리케이션 적용이 필요하다.

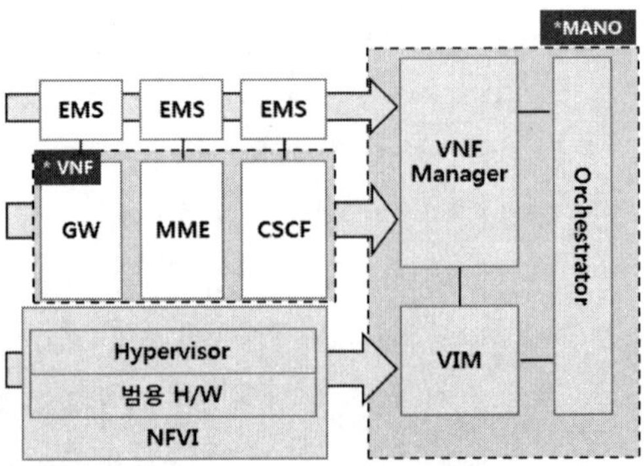

그림 9.1 NFV 아키텍처

1.1.2 Orchestration

Orchestration은 NFV MANO, SDN 컨트롤러, 애플리케이션별 EMS 기능을 모두 포함하여 전체 망을 통합 관리하는 시스템을 가리킨다. MANO는 가상화 환경에서 애플리케이션에 대한 자원 할당을 자동화하여 관리하고 단위 애플리케이션의 기동, 종료, 감시, 설정 변경 등의 라이프 사이클을 관리하며, SDN 컨트롤러는 패킷 전송 경로를 중앙에서 제어한다. Orchestration은 망에서 발생하는 모든 로그를 수집・분석하여 용도별 전용망과 개별 애플리케이션에 대한 부하 상태, 가용 자원 등을 종합적으로 판단할 수 있다.

망에서 발생한 정보를 바탕으로 단위 애플리케이션의 고장 시 대체 자원을 즉시 투입하고 모듈별 마이그레이션과 자가 복구를 통해 서비스 품질 저하를 최소화할 수 있으며, 시간・지역별 필요 자원량을 예측하여 사전에 확보하고 적재적소에 투입함으로써 효율적인 망운영을 가능하게 한다.

또한 NFV 애플리케이션 구동・변경, SDN 컨트롤러를 통한 네트워크 자동 구성, 서비스 체이닝 구성을 통합 제어하여 서비스 조합 및 품질에 대한 고객의 요구에 원클릭으로 신속하게 대응 가능하며, 통합 EMS 시스템을 구성하여 모든 망 요소를 하나의 화면과 명령어로 감시하고 제어함으로써 운영 효율을 높일 수 있다.

1.1.3 Edge Cloud

Edge Cloud 구조는 대도시에 있는 주요 국사에 집중되어 있던 코어 네트워크 기능을 분리하여 사용자 패킷을 처리하는 Data Plane을 가상화 애플리케이션으로 구성해 디바이스와 가까운 지역 국사에 분산 배치하는 네트워크 구조다. Edge Cloud에 위치하는 Data Plane은 사용자 패킷을 포워딩하는 게이트웨이 기능 외에 필요에 따라 컨텐츠 캐싱, 기지국 풀링을 위한 DU를 포함할 수 있으며 이를 제어하는 Control Plane은 주요 국사의 Core Cloud에 위치한다.

지역 국사에 위치한 Edge Cloud에서 트래픽을 처리하면 백홀 경로를 거치지 않게 되므로 Connected Car와 같은 서비스에 초저지연을 제공할 수 있을 것이다.

또한 많은 가입자들이 보거나 사용하는 대용량 콘텐츠를 Edge Cloud에서 캐싱하여 전송하고, Core Cloud를 경유할 필요가 없는 기업 내부 트래픽은 LBO(Local Break Out)로 처리해 백홀 증설 비용을 절감할 수 있다.

1.2 효율적인 IoT 제어

5G 망은 빈도는 낮지만 주기적 접속을 필요로 하는 디바이스, 24시간 접속되어 일정 속도 이상으로 계속해 데이터를 전송하는 디바이스, 접속 빈도와 접속 시 요구하는 속도가 높은 디바이스 등 다양한 특성을 갖는 다품종 IoT 기기를 경제적이고 안정적으로 수용해야 한다. 이를 위해 하나의 신호로 다수의 디바이스를 제어하고 많은 디바이스의 네트워크 동시 접속으로 발생할 수 있는 망의 과부하를 방지할 수 있는 효율적인 IoT 제어 기술의 도입이 필요할 것이다.

1.2.1 NIMTC(Network Improvements for Machine-Type-Communications)

NIMTC는 네트워크에 과부하가 발생하는 경우 IoT 디바이스를 선별 제어하여 망의 안정성을 확보할 수 있는 기술이다. IoT 디바이스가 위치등록 혹은 발・착신 시 전달한 LAPI(Low Access Priority Indicator)를 기준으로 망에서 IoT 디바이스를 관리하며, MME, SPGW의 과부하 발생 시 단말의 서비스 요청을 거절하고 일정 기간 망 접근을 차단할 수 있다. 또한 과부하 상태를 eNB로 통보해 eNB가 IoT 디바이스의 무선 접속 요청을 거부하거나 접속 요청을 하지 않도록 제어할 수 있다.

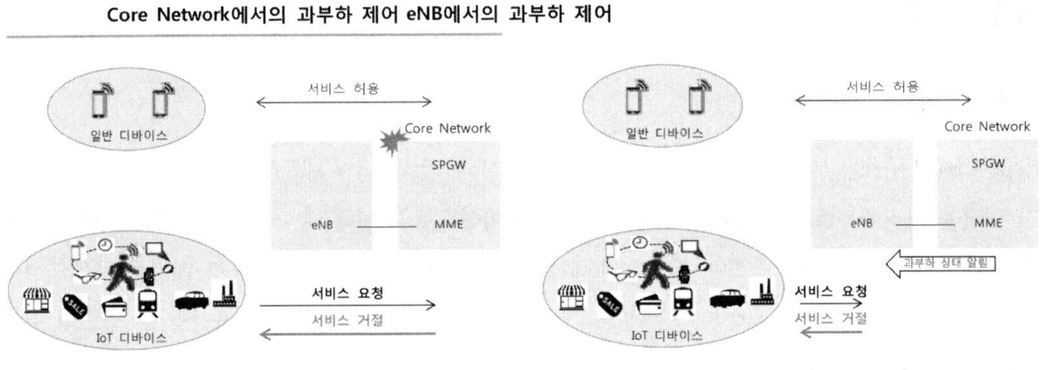

그림 9.2 IoT 디바이스 과부하 제어 동작

1.2.2 SIMTC(System Improvements for Machine-Type-Communications)

SIMTC에서는 애플리케이션 서버가 먼저 IoT 디바이스의 서비스 시작, 정보의 수집 등을 요구할 수 있는 디바이스 트리거 방식을 정의하고 이를 위해 그림 3과 같은 새로운 네트워크 구조를 제시한다.

애플리케이션 서버가 IoT 디바이스를 구동하는 방식은 Direct와 Indirect 방식으로 나눌 수 있는데 Direct 방식에서는 애플리케이션 서버의 트리거 요청이 LTE망의 PGW를 경유하여 디바이스로 전달된다. 반면 Indirect 방식에서는 애플리케이션 서버에서 요청한 제어 명령이 MTC Service Capability Server를 거쳐 MTC-IWF를 경유해 디바이스에 도달한다. MTC-IWF는 SMS 또는 LTE망의 NAS 메시지를 활용하여 디바이스와 통신할 수 있다.

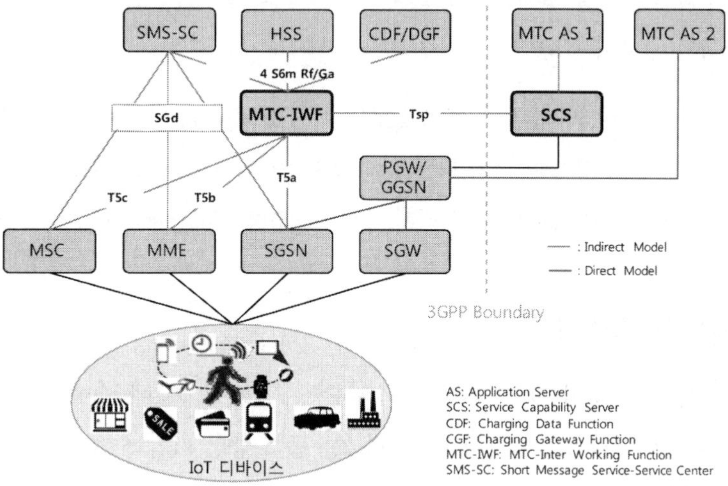

그림 9.3 SIMTC Architecture Reference Model과 주요 기능

1.2.3 Group Based IoT

Group Based IoT는 다수의 IoT 디바이스를 특정 그룹 단위로 관리해 효율적으로 제어하기 위한 기술이다. 동일 그룹의 IoT 디바이스에 QoS 정책 적용이 필요한 경우 또는 구동, 정보 수집 등의 제어 메시지 전송이 필요한 경우 브로드캐스트 메시지를 전송하여 제어 신호 처리 부하를 최소화하여 망의 과부하를 방지할 수 있다.

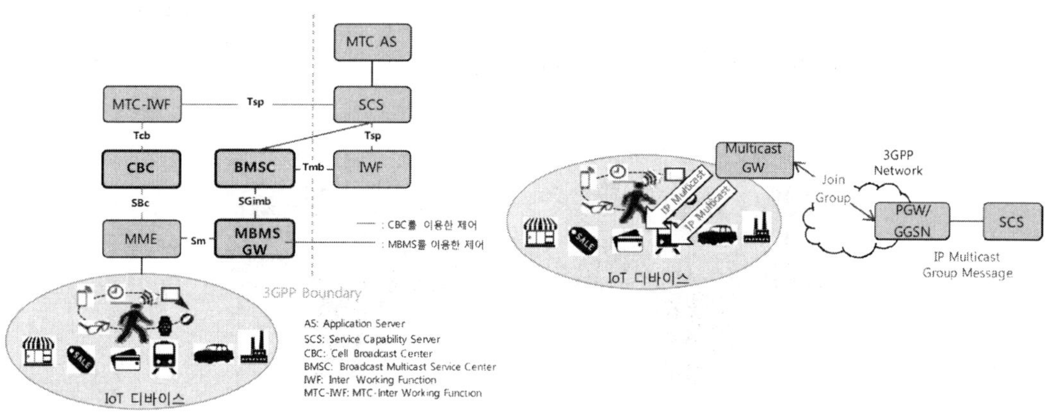

그림 9.4 Group based IoT 동작

2. Software Defined DataCenter

기업 고객의 요구에 따라 실시간으로 필요한 자원을 IT as a Service로 제공하기 위해서는 IT자원에 대한 가상화, 가상화된 자원을 실시간으로 할당 · 회수 · 미터링할 수 있는 소프트 웨어 기반의 자동화된 데이터 센터를 구현해야 한다.

소프트웨어 정의 데이터센터의 필수 구성 요소로는 기업형 클라우드 서비스의 안정성을 위한 자가 치유 · 최적화, 트래픽 발생 양상이 각기 다른 다수의 단말에서 유발되는 대량의 데이터를 효율적으로 수용할 수 있는 지능화된 대용량 스토리지, 그리고 경량화된 서버 가상화 기술을 들 수 있다.

2.1 자가 치유와 최적화

가상화된 환경에서는 다수의 사용자가 자원을 공유하여 사용하기 때문에 장애나 성능 저하가 발생할 경우 그 영향이 다수의 고객에게 미치게 된다. 현재는 동작 중인 가상화 인프 라를 중단 없이 다른 환경으로 이전시켜주는 Live Migration 기술과 자원의 사용량 추이를 감시하며 자동으로 인프라를 확장 · 축소하는 auto-scaling 기술 등이 존재하나 고장에 대한 근본적인 해결책으로는 부족하다.

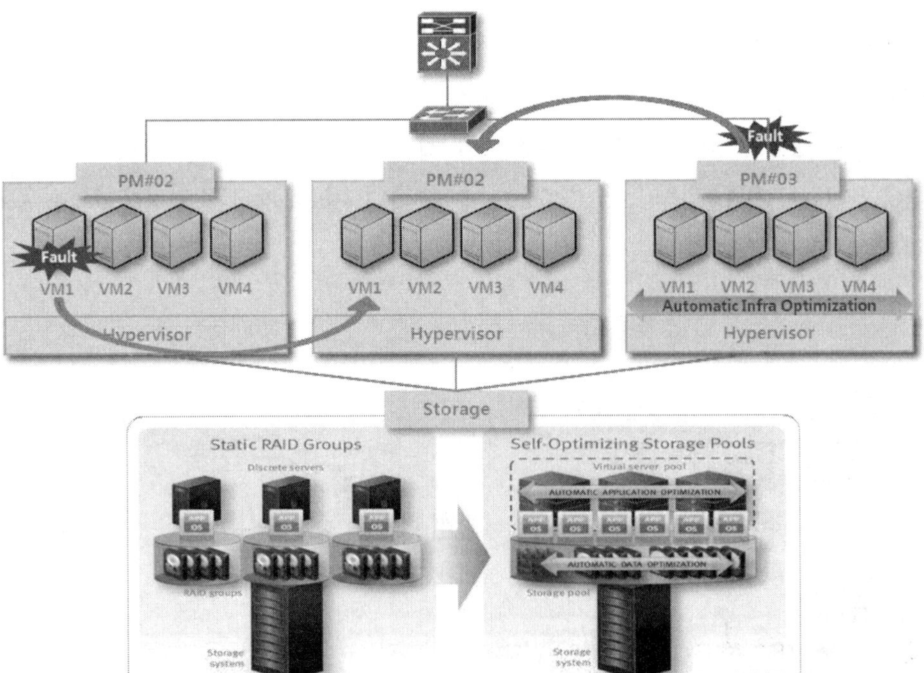

그림 9.5 Self-Healing과 Optimize 동작

이를 위해 고장이나 성능에 대한 오류를 사전에 감지하고 서비스 중단 없이 자동으로 조치하고 문제가 발생할 경우 그 영향이 다른 가상 자원으로 파급되지 않도록 분리하는 자가치유 기술, 가상화 자원을 필요한 만큼 최적 할당할 수 있는 최적화 기술의 개발이 필요하다.

2.2 엑사급 스토리지

IDC's Digital Universe Study에 따르면 DB와 같은 정형 데이터는 연평균 22%, 사진, 동영상과 같은 비정형 데이터는 연평균 60% 증가하여 2020년에는 40제타바이트 규모까지 증가하고, 이중 40%가 클라우드에서 처리될 것으로 예측된다.

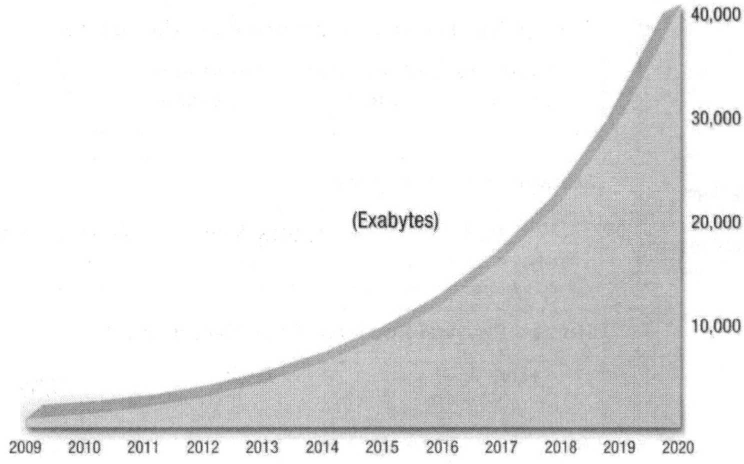

그림 9.6 스토리지 데이터 증가 추이

5G 서비스가 널리 사용되는 시점의 데이터를 수용하기에는 현재 페타바이트급 스토리지의 용량으로는 한계가 있어 엑사바이트급의 스토리지가 필요할 것으로 예상된다. 스토리지 구축에 소요되는 막대한 투자 비용을 줄이기 위해서는 전체 데이터의 90% 이상을 차지하는 아카이브 데이터의 저장 공간을 줄이기 위해 Erasure Code를 적용하고 효율이 높은 압 축 기술을 개발해 스토리지 저장 가용률을 현재 50%에서 70% 이상으로 향상시켜야 한다. 또한 중복 제거 기술 개발로 불필요한 데이터 저장에 스토리지가 낭비되는 현상을 방지하여야 한다.

하드웨어적으로는 100bay 이상의 고집적 데이터 저장 서버 개발을 통해 지속적인 원가 절감을 하여야 하며, 여러 종류의 데이터를 수용하기 위해 서비스 용도별로 구축하는 Silo형태의 스토리지 대신 이종의 파일, 블락, 오브젝트 스토리지를 통합한 Unified Storage를 도입하여야 한다. 이 스토리지에 소프트웨어 정의 기반의 자원 Orchestration과 프로비저닝 기술을 더함으로써 Multi-Tenant 서비스

환경을 제공하고, 저장 정보의 가치에 따라 정보를 차등적으로 저장 관리하며 서비스 요청 즉시 필요한 자원들을 조합하여 제공하여야 한다.

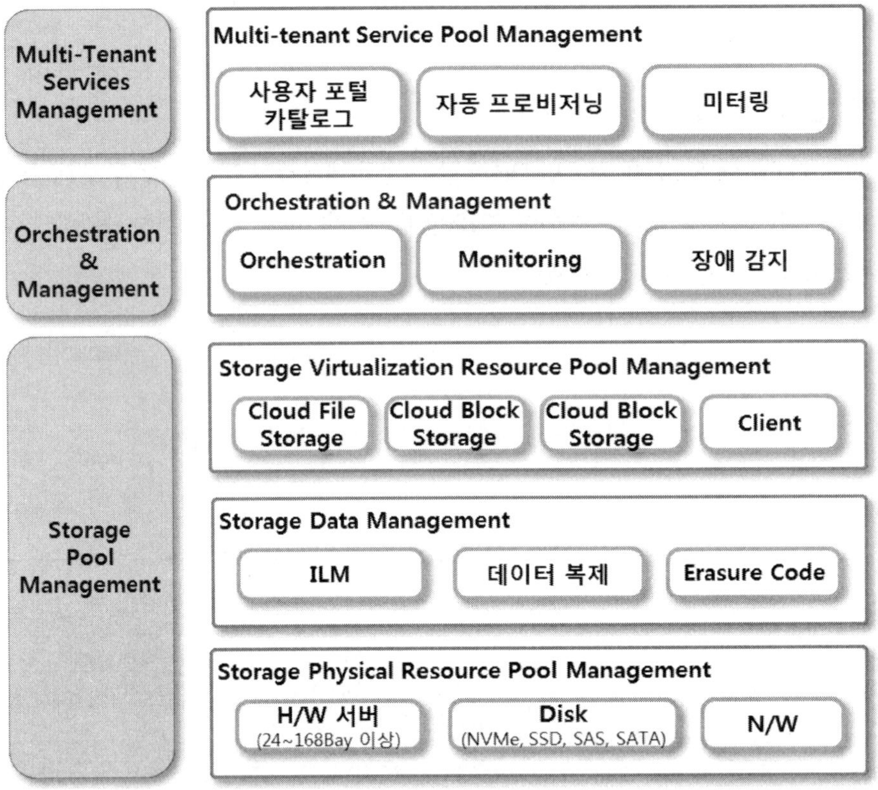

그림 9.7 엑사바이트급 Software Defined Storage 구성도

2.3 컨테이너 기반 경량 가상화 기술

모바일 서비스의 라이프 사이클이 짧아짐에 따라 신속한 개발이 필요하지만 서비스 간 연동이 증가하여 사소한 수정 사항도 관련 서비스 재검증이 필요하여 개발 기간이 길어지는 현상이 발생한다.

개발 기간과 서비스 간 영향 문제를 해결하기 위해 서비스를 기능 단위로 모듈화하여 제공하는 마이크로 서비스 구조가 대두되고 있지만, 서비스의 단위 모듈을 하나의 가상 머신으로 관리하려면 고성능 물리 서버와 대용량 스토리지가 필요하므로 단위 기능의 가상화를 위한 소요 자원을 최소화시킬 수 있는 경량화된 가상화 방식이 필요하다.

대표적인 가상화 기술인 Hypervisor와 Docker는 하나의 하드웨어에 최대한 많은 OS를 동시 구동시킴으로써 하드웨어 효율성을 향상시킬 수 있고, 신규 서비스가 출시되는 경우 하드웨어 설치/전기공사/네트워크 공사 및 OS 설치 기간을 최소화할 수 있으며, 애플리케이션을 하나의 이미지 파일로 생성하여 이미지 하나로 대량의 동일한 애플리케이션 생성 및 구동이 가능하다는 공통점을 가지고 있다.

하지만 Hypervisor는 하드웨어를 가상화하여 각 가상 머신에게 가상 자원을 제공하는 반면 Docker는 OS를 가상화하여 각 애플리케이션에게 가상 OS를 제공하는 차이점이 있다. 이러한 차이점으로 Docker는 Host OS와 애플리케이션의 OS가 동일해야 하는 제약 사항이 존재하지만 Hypervisor와는 다르게 하드웨어 에뮬레이션이 요구되지 않으므로 경량화 가상 방식 측면에서 Hypervisor보다 우수하다.

Docker는 애플리케이션과 애플리케이션 구동에 필요한 환경 정보를 함께 배포함으로써 운영 환경에서 별다른 환경 변경 없이 바로 애플리케이션을 동작시킬 수 있게 하는 OS가 상화를 위한 플랫폼으로, 컨테이너는 애플리케이션에게 제공되는 독립적인 가상 OS 환경이다. 특정 애플리케이션 구동을 위한 환경 정보와 라이브러리를 하나의 이미지로 생성 후 배포 툴을 이용하여 경량화된 모듈 단위로 배포 · 구동이 가능하므로 신규 서비스 출시에 따른 대량 배포 부담을 해소시킬 수 있다.

다수의 사용자가 이용하는 단일 서비스에 적합한 Docker와 사용자는 적으나 여러 가지 서비스를 제공하는 경우에 알맞은 Hypervisor의 기술적 특징을 고려하여, 각 서비스의 특 성과 환경에 맞는 가상화 기술을 채택함으로써 자원 효율화, 서비스 품질 확보 측면에서 효율적인 서비스망을 구성 · 운영하여야 한다.

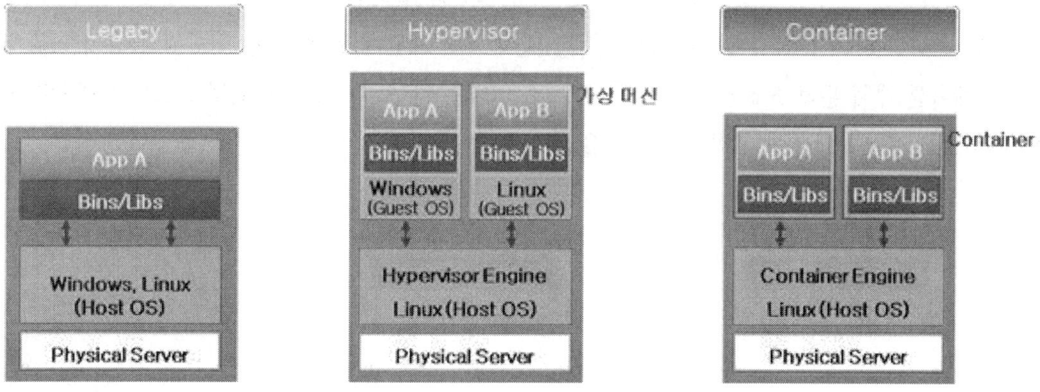

그림 9.8 가상화 방식별 구조 비교

2.4 인프라 보안

정보유출 및 시스템 파괴, 금전적 피해에 사용되는 악성코드 증가추이만 보더라도 2014년까지 약 1억 4천만 개의 악성 코드가 발견되었다고 한다. 5G 시대에는 유무선 All IP화, Open Source 기반 개방형 네트워크, IoT 디바이스 활성화로 인해 신규 취약점 및 다양한 변종 악성코드를 이용한 Zero-Day-Attack을 방어하는데 현재 시스템으로는 한계를 드러낼 것으로 우려된다.

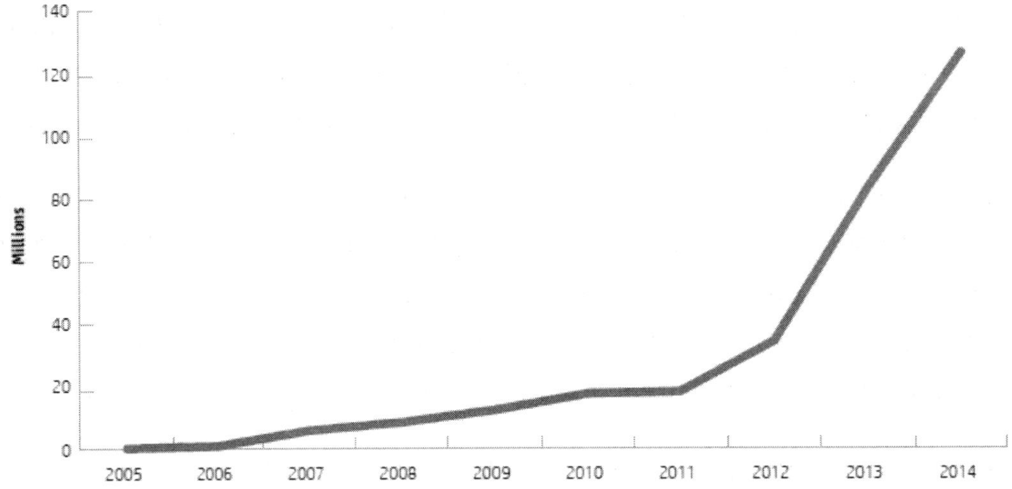

그림 9.9 악성 코드 증가 추이(HP Cyber Report 2015)

현재 LG유플러스는 안정적인 고객 서비스 제공을 위해 엔드포인트에서 코어 네트워크, 그리고 각 시스템에 이르는 전 구간에 걸쳐 IDS, IPS, 방화벽, VPN장비, Forensic시스템, 악성코드분석시스템 등 보안 솔루션을 대응하고 있으나, 중장기적인 관점에서 보안 위협에 대한 전방위적 방어를 위해 애플리케이션 계위 분석, Sandboxing 기능 추가로 개별 보안 솔루션을 고도화하고 보안 프레임워크를 기반으로 인텔리전트 인프라의 안전성을 향상시켜야 한다.

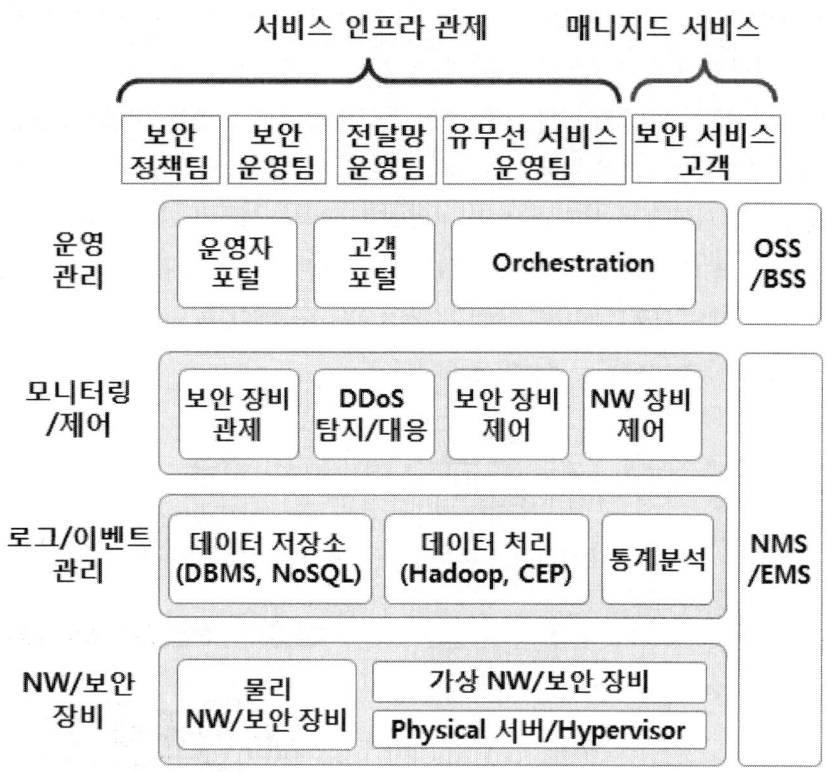

그림 9.10 네트워크 보안 프레임워크

먼저 서비스 인프라 보호를 위해 기존 백본 계위에서 수행하는 DDoS 방어를 Edge 계위에서 차단할 수 있는 공격 근원지 차단기술로 확장하고, SDN/NFV 기술을 적용하여 가상 보안 자원을 고객에게 신속하게 할당하여 보안 위협에 즉각 대응할 수 있어야 한다. 개별 관리하고 있는 보안 위협 이력과 로그를 빅데이터 시스템으로 분석하여 가시적으로 관리함으로써 상황의 조기 인지, 조치, 대응안 개선이 선순환 구조를 이루는 통합 보안 관제 시스템을 도입하여야 한다.

3. 디바이스 기술

3.1 클라우드 기술

모바일 디바이스의 CPU 성능과 RAM 크기, 저장공간은 급속도로 향상되어 왔다. 5G를 디바이스에서도 지속적으로 개선이 이루어지겠지만 모바일 디바이스라는 한정된 폼팩터에서 무한정 성능과 공간을 확보하기는 한계가 있기 때문에 디바이스에서도 클라우드 기술을 반드시 적용해야 할 것으로 본다.

파일시스템 가상화와 모바일에 최적화된 프로토콜을 이용하여 클라우드 파일 시스템 기술을 디바이스에 적용하여 대용량 저장 공간을 확보해야 하며, 통신/미디어 기술을 클라우드화하고 앱과 서비스를 서버 기반으로 확장할 필요가 있다. 예를 들어 통신 기능의 경우 웹을 기반으로 음성, 영상, 메시징 기능을 제공하여 디바이스 의존성을 제거하고, 게임, 비디오 서비스 및 개인화 설정까지도 서버 기반으로 제공할 수 있어야 한다. 그리고, 궁극적으로는 고객이 필요한 기능을 어떠한 디바이스에서도 사용할 수 있도록 OS 자체를 클라우드 기반으로 제공하여야 하며, 높은 단말 스펙을 요구하는 서비스가 출시되더라도 새로운 디바이스를 구입하지 않고도 CPU, 메모리, I/O의 가상화를 통하여 최상의 서비스를 제공할 수 있는 기술이 필요하다.

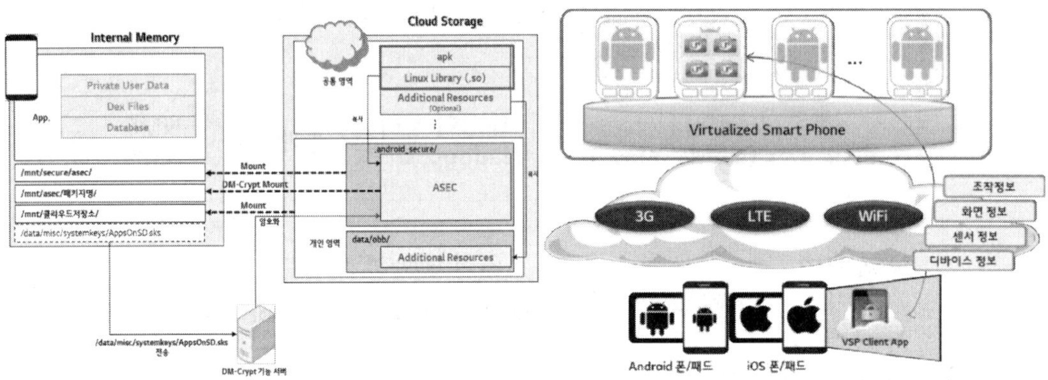

그림 9.11 클라우드 파일 시스템과 스마트폰 가상화 기술

3.2 하드웨어 기술

3.2.1 직접화 반도체

모바일 디바이스 프로세서는 제한적인 공간에 모든 부품을 내장해야 하므로 PC의 CPU와 달리 GPU(Graphic Processing Unit), DRAM, ISP(Image Signal Processor), DSP, CP(Communication Processor) 등이 하나의 칩셋에 집적되어 있다.이 칩셋은 모바일 환경에 적합하고 저전력 특성을 가지는 ARM 아키텍처가 90% 이상, PC환경에 적합한 intel의 고성능 x86계열이 나머지를 차지하며 성장해 왔는데 최근 모바일과 PC의 경계가 점차 허물어짐에 따라 이 두 아키텍처의 구분이 점점 의미가 없어지고 있다. 모바일 칩셋에는 2013년부터 64비트 프로세싱이 시작되어 2015년에 활성화 되었으며, 2020년 이후에는 128비트 프로세싱이 도입될 것으로 예상된다.

데이터 폭증과 함께 단말의 칩셋 또한 폭증하는 성능 요구와 전력 소모 문제에 대해 지속적인 개선이 필요하며, 전력 소모 및 발열 문제로 인해 무어의 법칙에 의한 발전이 둔화될 것으로 전망되는 가운데 다음 방안이 고려되고 있다.

첫 번째로 반도체 공정의 미세화로 저비용화와 함께 성능을 향상하는 것으로, 미세화를 하게 되면 더 낮은 전압에서 동작할 수 있고 더 많은 트랜지스터를 집적할 수 있다. 성능 향상에는 크게 고속화와 처리성능 향상, 그리고 소비전력 절감의 2가지 방향이 있으며, 동일한 반도체 공정이라도 서버는 처리 성능의 고속화, 모바일 디바이스는 소비전력 절감에 중점을 두고 개발된다. 두 번째로 클럭 속도 향상이 더디어짐에 따라 멀티 코어 방식이 개발되고 있다. 구조적으로 고성능 big 코어와 다수의 에너지효율이 높은 little 코어의 조합으로 발전해 왔으며 현재 big.LITTLE 구조의 옥타 코어까지 상용화 되어 향후 16, 32코어로 이어질 전망이다. 세 번째로는 새로운 소자, 새로운 동작 원리에 기반한 트랜지스터의 개발로 기본 틀을 뒤집는 방식이 개발 중에 있다.

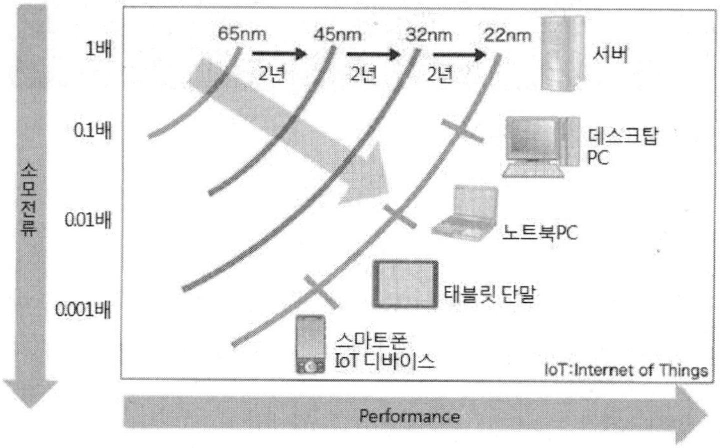

그림 9.12 반도체 기술 진화(니케이커뮤니케이션즈)

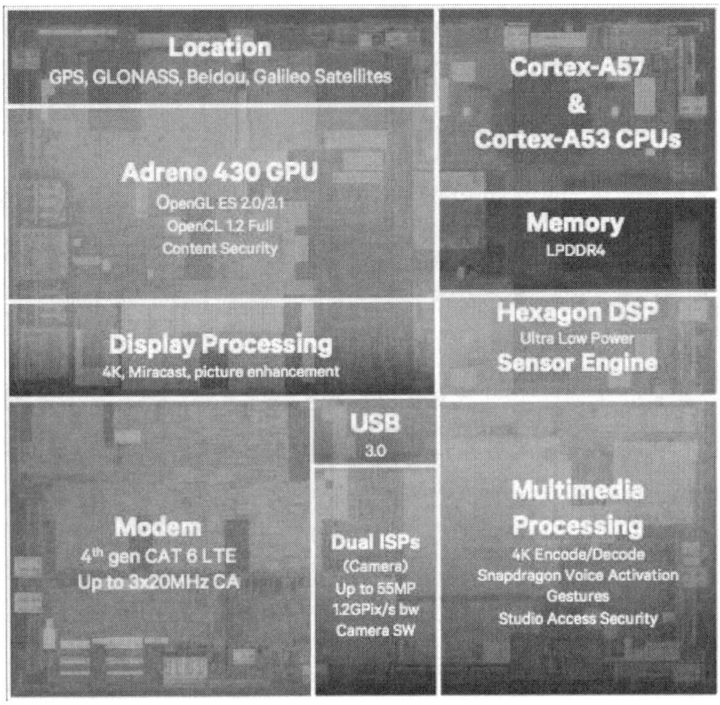

그림 9.13 모바일 칩셋 구조(출처, 퀄컴)

3.2.2 안테나 기술

디바이스에 탑재되는 안테나는 공간의 제약으로 인해 적은 영역을 차지하면서도 성능, 내구성, 가격 등의 요구를 만족시키기 위해 아래와 같이 여러 방식이 연구되어 왔다.

[표 9.1] 디바이스 안테나

	LDS(Laser Direct Structuring)	인몰드	이중사출	Chip/Patch	Retractable
형상	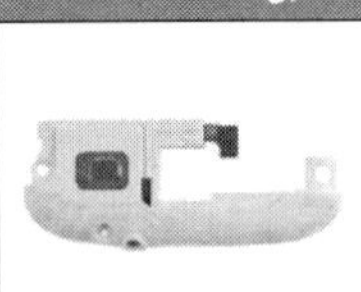	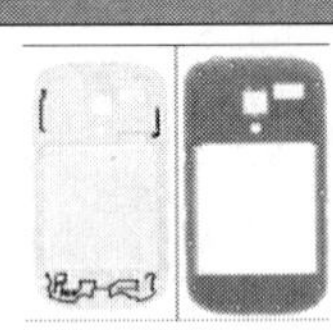	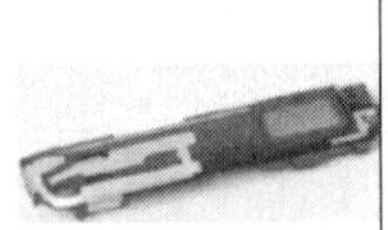	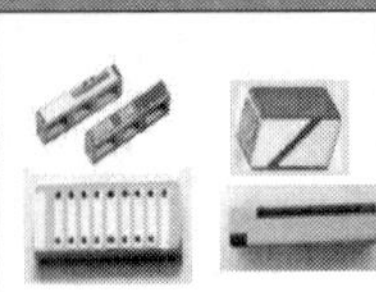	
방식	레이저를 이용, 케이스에 안테나 패턴을 그리고 안테나 소재를 도금	케이스 내부에 안테나를 정밀하게 삽입	별도 제작된 금형에서 외형구조물과 패턴도금을 결합	안테나를 인쇄회로 기판(PCB)에 직접 표면실장	λ/4 길이를 가지는 헬리컬 안테나 상단에 신장(Expend) 가능한 모노폴 안테나가 설치

다양한 5G 신기술과 서비스 요구사항을 만족시키기 위해 안테나 기술은 기존의 안테나 자체는 유지한 채 구조적인 변화의 모색, 완전히 새로운 형태와 소재의 안테나 개발이라는 두 방향으로 나아가고 있다.

구조적 변화 측면을 보면 LTE FDD 모드에서의 Full Duplex Radio 기능을 효과적으로 지원하기 위해 간섭제어기술과 함께 송수신 안테나를 격리시켜 간섭을 최소화하는 연구가 활발히 진행 중이며, LTE 상향 주파수 대역으로 전달되는 LTE D2D discovery message를 수신하기 위해 안테나와 연결된 듀플렉서의 상향 주파수 출력단이 모뎀 수신단으로도 연결되는 구조 변경도 연구되고 있다.

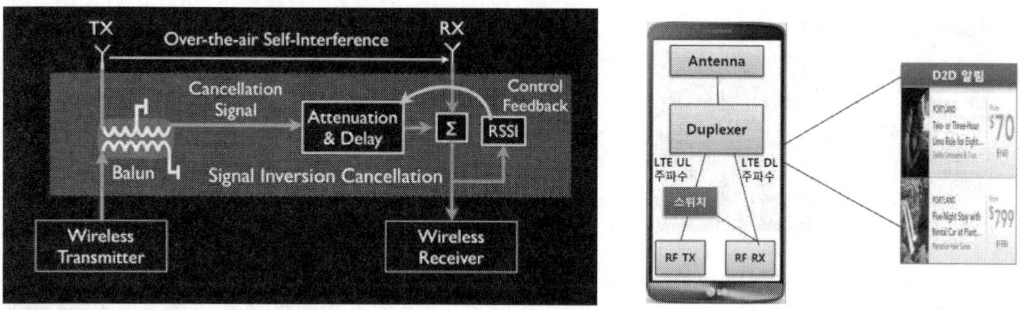

그림 9.14 안테나 구조의 변화

새로운 안테나 형태나 소재 면에서는 통신표준 IEEE 802.15.6 WBAN(Wireless Body Area Network)의 요구사항을 만족시키기 위해 인체에 무해하면서도 높은 도전율을 가져야하는 전도성 섬유 안테나가 직포, 부직포, 편물, 편복 등의 방식으로 논의되고 있으며 conductor와 하부기판 모두 유연한 특징을 가진 flexible 안테나, 초소형의 tattoo 안테나, 렌즈 형태의 안테나 외에 Connected car 내에서 실시간으로 무선환경에 맞게 안테나의 방향과 수신 특성을 변화시키는 스마트 안테나 등이 등장할 것으로 예상된다.

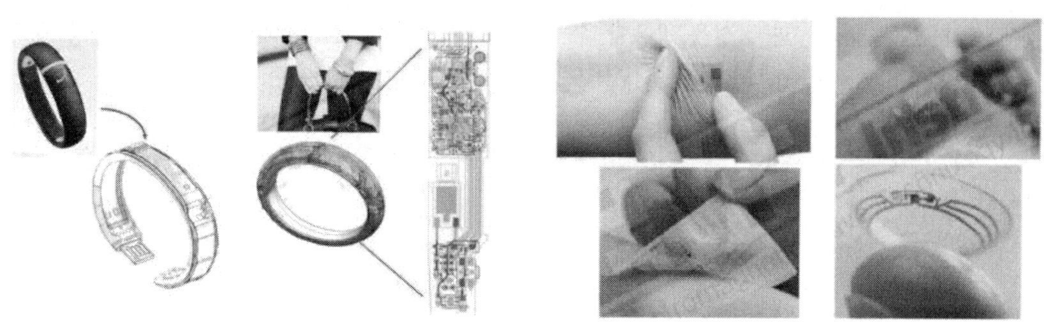

그림 9.15 Wearable / IoT 안테나

3.3 지능, 감성 기술

로봇디바이스는 얼굴·음성 인식, 상황인지 기술, 모터/카메라/센서 정밀 제어 기술, 클라우드 서버 연동 기술의 집합체로서 지능 및 감성형 서비스를 위해서는 인식 기술과 이미지, 음성의 빅데이터 분석 기술이 가장 중요하다. 영상 인식은 얼굴, 손, 자동차 번호판과 같이 픽셀/벡터 수가 일정한 특정 물체 인식 기술과 일반적인 자동차, 책상, 사람, 의자 침대 등과 같이 일정한 제약이 없는 일반 물체 인식으로 나눌 수 있다.

● **특정 물체 인식**

- 어떤 특정 물체를 영상내 탐색(Identification)
- 얼굴, 손, 자동차 번호판 등
- 사용되는 Pixel의 수, 특징벡터의 수 등이 많음.

● **일반 물체 인식**

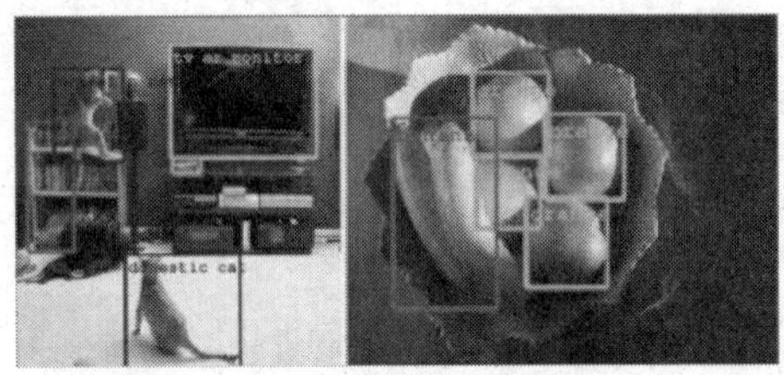

- 환경의 제약이 없는 일반적 상태.
- 일반적인 물체를 영상 내 탐색(Classification)
- 카테고리가 방대함 -> 식별이 어려움.
- 자동차, 책상, 사람, 의자, 침대 등

그림 9.16 물체 인식

지능, 감성형 디바이스의 영상인식 기술은 얼굴의 정면·측면 인식 기술, 표정 인식, 얼굴 응시 방향 트랙킹, 가족 구성원 인식, 제스처 인식, 영상을 활용한 상황/공간인지 기술들을 필요로 한다. 음성인식 기술은 4개 이상의 마이크를 통해 음원지 방향을 파악하고, Voice Trigger를 통해 잠자고 있는 로봇을 깨우는 호출어 인식 기술과 사용자와 대화가 가능한 연속어 인식 기술 등이 있다. 이러한 영상, 음성은 클라우드 서버에서 Deep Learning을 통해 학습되며, 가공 처리하여 재사용 및 추천을 통해서 사용자에게 지능과 감성을 공유할 수 있다. 또한 자연스러운 움직임, 감성적인 음성, 동작 피드백, 나를 인지하는 학습을 통하여 Me-Centric에 최적화시킬 수 있다.

인식 기술과 함께 사용자의 외출/귀가/여행 등의 상황 및 선호도를 인지할 수 있는 상황인지 기술이 발전할 전망이다.

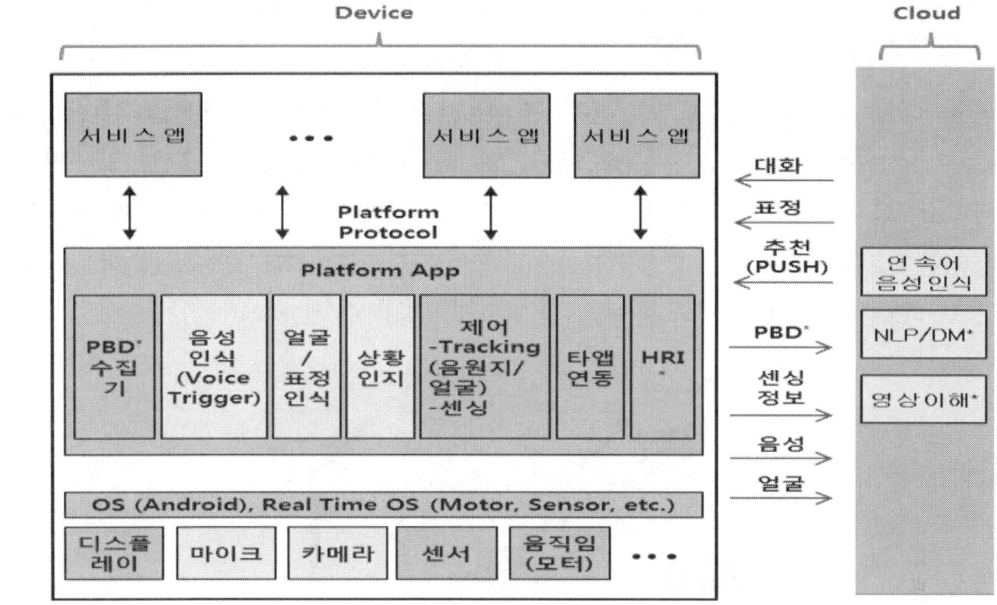

그림 9.17 지능, 감성형 디바이스의 구조

3.4 실감 미디어 기술

전통 비디오 서비스와는 차별적으로 5G 망에서는 넓은 대역폭이 고객에게 제공되므로 새로운 사용자 경험을 제공할 수 있는 진화된 실감 미디어 서비스 제공이 가능하다. 아래 그림과 같이 여러 각도의 카메라 영상을 Stitch하여 Virtual Reality 환경을 제공하는 360° 영상을 송출하면 단말에서는 고객이 원하는 각도의 영상을 볼 수 있는데, HMD를 쓰고 고개를 움직이면 원하는 장면을 볼 수 있고, 2D 디스플레이 장치 연결 시 터치, 리모컨 방향 키 등을 이용해 볼 수 있다.

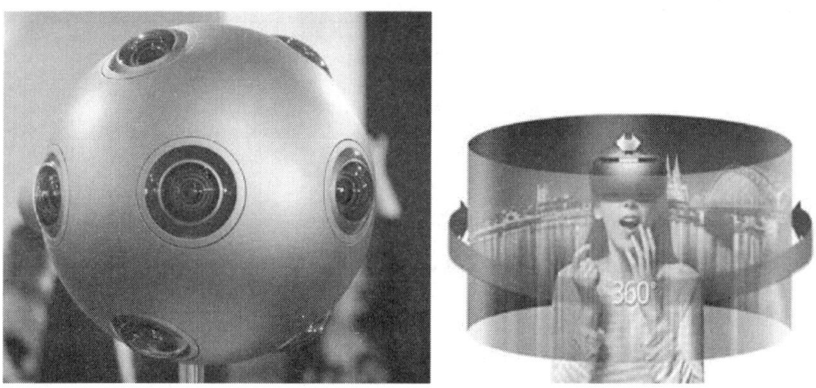

그림 9.18 360도 카메라(노키아 Ozo), 영상

실감 미디어 영상의 최종적인 기술 개발은 3D 홀로그램 영상으로 귀결되며 홀로그램은 종종 영화에서 소개된 것과 같이 실제 인간이 보는 것처럼 대상을 구현하는 것이다. 홀로그래피는 피사체로부터 반사된 물체파와 아무 정보도 갖지 않는 기준파를 이용해 두 개의 빛이 만날 때 발생되는 간섭무늬의 정보를 기록하여 3차원 입체 영상을 재생하는 기술이다. 3D 홀로그램에 의해 생성된 입체 영상은 사람에게 실사와 같은 입체감을 제공함으로써 스테레오스코픽 방식보다 현실감이 강화되고 누구나 편하게 어떤 각도에서도 홀로그램 영상을 감상할 수 있어 기존의 3D 스테레오스코픽 방식에서 야기되는 눈의 피로감과 어지럼증 등의 문제를 근원적으로 해결할 수 있다.

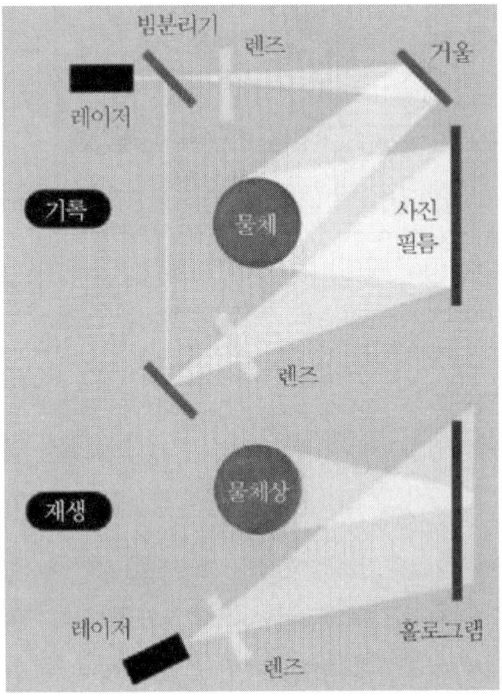

그림 9.19 홀로그램의 원리

약어표

APN	Access PointName
DNS	Domain NameSystem
EMM	EPSMobility Management
ESM	EPS Session Management
eNB	EvolvedNodeB
EPS	EvolvedPacket System
HSS	HomeSubscriberServer
IMS	IPMultimedia Subsystem
IMSI	International Mobile SubscriberIdentity
IP	Internet Protocol
LTE	LongTermEvolution
MME	Mobility ManagementEntity
PCO	Protocol Configuration Options
PDN	Packet Data Network
P-GW	Packet Data NetworkGateway
S-GW	ServingGateway
UE	UserEquipment

APN	Access PointName
DNS	DomainNameSystem
EMM	EPSMobility Management
ESM	EPS Session Management
eNB	EvolvedNodeB
EPS	EvolvedPacket System
GUTI	Globally UniqueTemporary Identifier
HSS	HomeSubscriberServer
IMSI	International Mobile SubscriberIdentity
IP	Internet Protocol
LTE	LongTermEvolution
MME	Mobility ManagementEntity

PCO	Protocol Configuration Options
P-CSCF	Proxy Call Session Control Function
PDN	Packet Data Network
P-GW	Packet Data NetworkGateway
SDF	ServiceData Flow
S-GW	ServingGateway
SPR	SubscriberProfileRepository
UE	UserEquipment
AKA	Authentication and Key Agreement
AMBR	Aggregated Maximum BitRate
ASME	Access SecurityManagementEntity
EMM	EPSMobility Management
EPS	EvolvedPacket System
GUTI	Globally UniqueTemporary Identifier
HSS	HomeSubscriberServer
IMSI	International Mobile SubscriberIdentity
LTE	LongTermEvolution
MM	Mobility Management
MME	Mobility ManagementEntity
NAS	NonAccess Stratum
NAS-MAC	MessageAuthentication CodeforNASfor Integrity
TAI	TrackingArea Identity
UE	UserEquipment
AS	Access Stratum
BSS	Business Support System
CDR	ChargingData Record
DL	Downlink
DRB	Data RadioBearer
E2E	End toEnd
ECM	EPSConnection Management
EMM	EPSMobility Management
eNB	EvolvedNodeB
EPC	EvolvedPacketCore
EPS	EvolvedPacket System

ESM	EPS Session Management
E-UTRA	EvolvedUniversal TerrestrialRadioAccess
E-UTRAN	EvolvedUniversal TerrestrialRadioAccessNetwork
GTP	GPRS Tunneling Protocol
GTP-C	GTPControl
GTP-U	GTP User
HSS	HomeSubscriberServer
IP	Internet Protocol
LTE	LongTermEvolution
MAC	MediumAccessControl
MME	Mobility ManagementEntity
NAS	NonAccess Stratum
NRM	Network Reference Model
OCS	Online Charging System
OFCS	OfflineCharging System
OSS	Operations Support System
PCC	Policy and ChargingControl
PCEF	Policy and ChargingEnforcement Function
PCRF	Policy and ChargingRule Function
PDCP	Packet Data Convergence Protocol
PDN	Packet Data Network
QoS	Quality of Service
RLC	RadioLinkControl
RRC	RadioResourceControl
RRM	RadioResourceManagement
S1-AP	S1Application Protocol
SCTP	Stream ControlTransmission Protocol
SDF	ServiceData Flow
SN	SequenceNumber
SPR	SubscriberProfileRepository
TEID	Tunnel Endpoint Identifier
UE	UserEquipment
UDP	UserDatagramProtocol
UL	Uplink
X2-AP	X2Application Protocol

참고문헌

[1] HP, "Cyber Report," 2015.

[2] netmaniaTechnologie, "사용자 경험에 기반한 EMM 시나리오와 11가지 EMMCase들", September 2011,http://www.netmanias.com/ko/?m=view&id=techdocs&no=5303

[3] 3GPPTS23.401, "GeneralPacket RadioService (GPRS) EnhancementforEvolvedUniversalTerrestrialRadioAccessNetwork (E-UTRAN)Access"

[4] NMC컨설팅내부리포트, "E2ELTENetwork Design", August2010.

[5] ETRI 디지털홀로그래피연구실, "CP Issue Report," 2013.

[6] netmaniaTechnologie, "LTEEMMProcedure:1.InitialAttachforUnknownUE(2편)-초기접속호흐름", March2013, http://www.netmanias.com/ko/?m=view&id=techdocs&no=5320

[7] NMC컨설팅내부리포트, "E2ELTENetwork Design", August2010.

[8] 3GPPTS36.300, "EvolvedUniversalTerrestrialRadioAccess(E-UTRA)andEvolvedUniversalTerrestrialRadioAccessNetwork (E-UTRAN);OverallDescription".

[9] 3GPPTS23.401, "GPRSEnhancementfor E-UTRANAccess".

[10] NMC컨설팅내부리포트, "E2ELTENetwork Design", August2010.

[11] Magnus Olsson, et.al., SAEand the Evolved Packet Core-Driving the Mobile broadbandRevolution, AP, 2009.

[12] 미래창조과학부, "무선데이터트래픽통계," 2015.

[13] ITU, "final report on evaluation of the imt-advanced radio interface technologies".

[14] P. Mogensen, "5G small cell optimized radio design," Globecom 2013. I E EE Conference and Exhibition.

[15] S. Cho, "5G Low-latency-Requirements and Latency Analysis Based on TTI Lengh," 한국통신학회동계종합학술대회 , 2015.

[16] LG U+, "5G VISION," 2015.

[17] 미래창조과학부, "K-ICT 네트워크중장기발전전략," 2015.

[18] NGMN, "5G White Paper," 2015.

정가 12,000원

차세대 IoT 시스템

2017년 8월 21일 초판 인쇄
2017년 8월 28일 초판 발행
저　자 : 김동옥
발행자 : 우명찬·송　준
발행처 : 홍릉과학출판사
주　소 : 서울시 강북구 인수봉로 50길 10
01093
등　록 : 1976년 10월 21일 제5-66호
전　화 : (02) 999-2274~5, 903-7037
팩　스 : (02) 905-6729
e-mail: hongpub@hongpub.co.kr
http://www.hongpub.co.kr
ISBN: 979-11-5600-537-7

저자와의
협의하에
인지생략